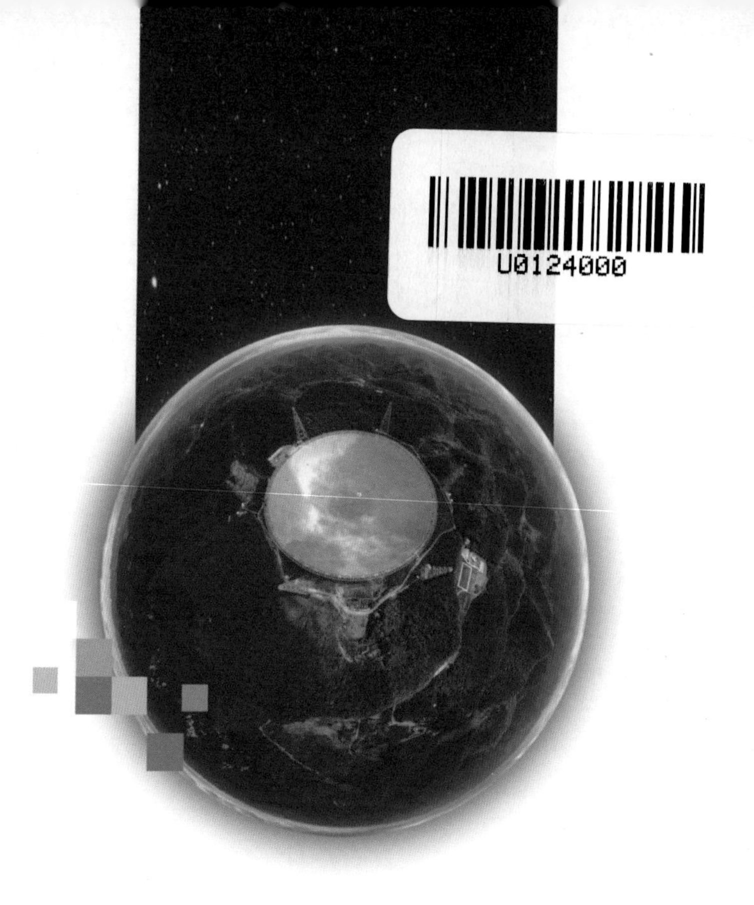

教育部全国高校主题出版项目
新时代青少年爱国主义教育读物

巡天探看望苍穹

——中国天眼“FAST”建造侧记

李耀平　秦　明　田园园　著

西安电子科技大学出版社

图书在版编目(CIP)数据

巡天探看望苍穹：中国天眼"FAST"建造侧记 / 李耀平，秦明，田园园著. -- 西安：西安电子科技大学出版社，2020.12

ISBN 978-7-5606-5867-4

Ⅰ.①巡… Ⅱ.①李… ②秦… ③田… Ⅲ.①报告文学—中国—当代 Ⅳ.①I25

中国版本图书馆 CIP 数据核字(2020)第 200687 号

策划编辑　高维岳　邵汉平
责任编辑　马秀琴　高维岳
出版发行　西安电子科技大学出版社(西安市太白南路 2 号)
电　　话　(029)88242885　88201467　　邮　编　710071
网　　址　www.xduph.com　　电子邮箱　xdupfxb001@163.com
经　　销　新华书店
印刷单位　陕西金和印务有限公司
版　　次　2020 年 12 月第 1 版　　2020 年 12 月第 1 次印刷
开　　本　880 毫米×1230 毫米　1/32　印张　4.5
字　　数　60.5 千字
定　　价　24.80 元
ISBN　978-7-5606-5867-4 / I
XDUP　6169001-1

■内容简介■

本书以报告文学的形式，记录了我国天眼工程“FAST”的诞生、建设、发展的历程；讲述了南仁东、段宝岩等科技工作者长期致力于 FAST 立项、选址、设计、建造的艰苦探索、默默耕耘的真实故事。书中刻画了科技自主创新进程中科技工作者不畏艰难、不惧挑战、迎难而上、甘于奉献的鲜明群体形象，讴歌了工程科技工作者严谨细致、精益求精、忘我奋进、呕心沥血的牺牲精神，体现了国家高端装备制造“国之重器”的典型战略意义。

▪作者简介▪

李耀平

男，1971 年生，高级工程师，文艺学硕士，长期从事文案及管理工作，现任西安电子科技大学经济与管理学院党委书记。

秦　明

男，1984 年生，高级工程师，工学硕士，现任西安电子科技大学宣传部副部长。

田园园

女，1993 年生，出版专业硕士，现为西安交通大学哲学在读博士。

序 言

浩瀚宇宙，深淼苍穹。巡天探看，奥秘无穷！

在熠熠闪耀的星空里，蕴藏着许多未知的奥秘，隐匿着无数科学的真理，像神秘而古老的神话传说，等待着勤奋睿智的人们去发现、去探索……

人类从远古至今，仰望宇宙星空、萌生造物神话、遐想自然神奇、发现客观规律，探索与发现的步伐从未停止！

中国古代神话里，无论是“盘古开天”“后羿射日”“女娲补天”，还是“夸父逐日”“嫦娥奔月”，都代表着古人对自然宇宙诞生与发展的想象，也反映出主观上探索未知世界的强烈渴求。古希腊神话里，奥林匹斯诸神掌管太阳、雷电、大地、海洋，神谕预知未来、神力控制万物，映射着前人对宇宙时空运行规律、内在真理认知的探究渴望。

现代科技的发展，创造性地开拓、延伸了人类的认知能力，逐渐发现、揭示出自然万物、宇宙星体诞生、运行、发展的一些真实规律。从地心说到日心说，从牛顿力学三大定律到爱因斯坦相对论，从宇宙大爆炸到黑洞、霍金辐射理论，人类通过观测、研究、推导、实验等方式和手段，渐进式地发现了客观世界的本质内涵、存在机理及演变规律，同时也不断丰富、提升了人类的认知、认识水平和探索、研究能力。

“工欲善其事，必先利其器。”在科学探索、揭示奥秘的进程中，科学工具不可或缺，全球重大的科学装置、重要的仪器设备，是帮助科学家们探索未知、发现真理的必备利器。从古至今，天文观测仪、大型望远镜、超级计算机、精密测量仪器、空间实验设备、太空探索飞行器等，都是重大科学发现中用于观测、计算、测量、验证的不可缺少的工具支撑，发挥着不可替代的重要作用！

我国天文观测历史久远，天文学发展源远流长，为人类天文探索做出了重要贡献。古代科学家发明制造出了许多重要的天文观测仪器，如日晷、浑仪、浑象、水运仪象台、简仪、仰仪等，凝聚了中国古代科学家奇思妙想，体现了他们缜密灵性的高度智慧，也开辟了仪器制造的先河！

现代工业文明在欧洲诞生，英国、德国、美国、日本等率先实现了工业化，制造业的强大进一步推动了前沿科技的迅猛发展，孕育着天文探索的新突破。

近百年来，天文观测仪器尤其是天文望远镜的制造，始终以欧美制造强国为引领，不断刷新突破全球最高水平。而先进仪器装备的制造，对于科学理论的发现验证、重大工程的原始创新都起到了至关重要的支撑作用。对于探秘宇宙起源、发现空间奥秘、寻找科学规律，一些大型光学、射电、红外望远镜在科学发现、科技发展的进程中堪称“国之重器”！

中国制造业经过中华人民共和国成立以来七十多年的发展，工业化进程逐渐加快，正逐步从中低端迈向高端水平，从制造大国走向制造强国。近年来，随着国家制造能力的提升，我国自主建造大科学装备的实力显著增强，2016年，探索宇宙奥秘的“中国天眼”FAST（500米口径球面射电望远镜）建成，代表着“大国重器”制造在天文观测工具方面的新突破，创造了新的世界第一！

FAST的诞生，不仅是中国大科学工程自主建造的成功典型之一，更是众多科学家、工程师呕心沥血、披荆斩棘，二十多年如一日，坚持不懈、艰苦耕耘、众志成城、自主创新的结晶，是中国为世界科学探索作出的一个重大贡献！

回顾FAST的建造历程，有许多难以忘怀的故事，有一些彪炳时代的人物，有一份探索追求的执着，有一种值得铭记的精神！

仅以此书记载我国FAST工程的建设掠影，以飨读者。

■目 录■

一

观天巨眼落平塘

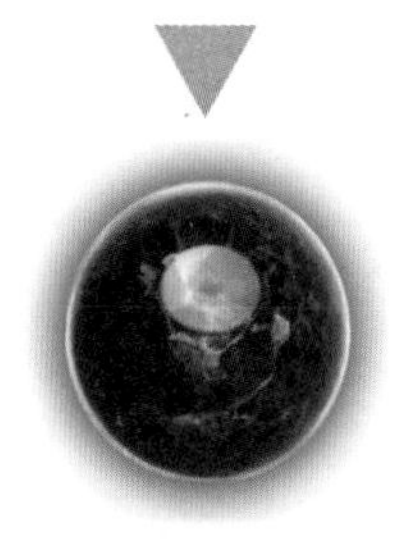

巡天探看望苍穹

——中国天眼“FAST”建造侧记

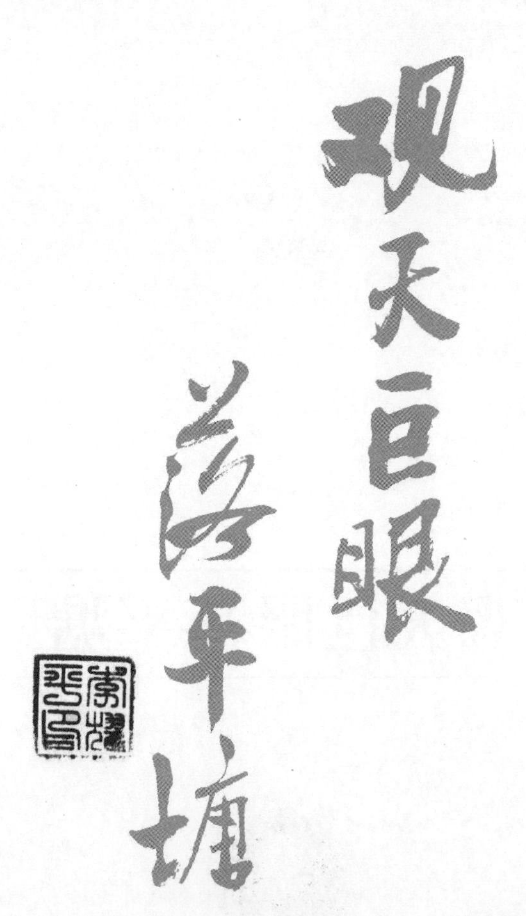

浩瀚宇宙，广袤苍穹，充满着神奇而未知的无限奥秘，吸引、激励着人类不断探秘、大胆探索。仰望星空，那里有人类亘古不变的探索主题！在追寻真理、验证猜想、揭示真相的好奇心与成就感的强烈推动下，人类发现、探索自然奥秘的步伐从未停止过！

自古以来，浩瀚星空引发了人类无边无尽的遐想、猜测，继而激发了历代天文学家、科学家们观察、发现、探寻、验证宇宙诞生与运行的规律。人们看到繁星点点，从表象观察到遐想，通过对天文现象的观察、观测，启迪了对世界、宇宙存在与运行的思考、探秘，观之愈久，思之愈多，观之愈深，探之愈切！于是，古人的幻想里出现了神奇的“千里眼”，延伸了人眼观察的距离和范围，要把观测、感知的视神经不断延伸到更深、更远的宇宙之中，要去追寻更深、更远的生命之源、寰宇之初！

“千里眼”是“仰望星空”的幻想，而科学观测的工具却是天文学领域真正的“千里眼”。近现代，随着天文观测工具特别是望远镜的发明、改进与完善，人类的天文探索在前人简单观测、初步分析的基础上，有了历史性的巨大提升，与现代科学理论的发展相辅相成，通过“千里眼”来探秘星空，已不再是古人遥不可及的神奇梦想，而是现代科技发现探索的真实路径！

1609年，伽利略用一块凸透镜和一块凹透镜，制造出人类历史上第一架天文望远镜。400 多年后的今天，光学望远镜、射电望远镜、红外/紫外望远镜等各类天文望远镜不仅被发明制造出来，而且得到了持续更新与提升，帮助天文学家、科学家实现了天文观测与科学理论猜想、观察、分析、验证等方面一个又一个的新发现，而人类太空探索的步伐也越迈越大，不断开拓着认知范围，开辟了科学探索的新疆域！

今天，大型天文望远镜已经成为天文观测的“观天巨眼”，是天文探索必不可少的重要工具，在宇宙起源、天体探索、发现未知物质、探寻地外文明、验证科学猜想上发挥着重要作用，是一个国家基础科学研究的重大装备。美国、英国、德国、日本等世界制造强国，长期以来建造了很多“观天巨眼”，为天文观测、科学发现提供了科研利器，在近现代天文观测、科学探索、科技进步中占据了领先地位。

我国天文观测历史悠久，科学发现与制造发明在全球科技发展史上占据着重要地位，著名的“四大发明”启迪了现代科技的初始萌芽。而在近现代工业革命的历史进展中，中国却与先进的现代科技文明、全球工业文明失之交臂，因此也产生了“李约瑟难题”这样的历史遗憾，中国建造大国重器的实力和水平落在了世界一流制造强国之后，大型天文望远镜的建造也相对缺少，让我们“仰望星空”的实力和能力受到制约。建造中国自主的“观天巨眼”，曾经也是一个遥远的梦想，实现这一梦想，是众多天文学家、科学家们梦寐以求的久久夙愿！

（一）"天眼"一出举世惊

2016年9月25日，中国的"观天巨眼"——500米口径的球面射电望远镜（Five-hundred-meter Aperture Spherical radio Telescope，简称FAST），在贵州平塘县克度镇的大窝凼（dàng）建造落成！这是历经了概念提出、工程论证、立项建设、自主设计、工程攻坚等22年的漫长而坎坷的过程之后，终于顺利建造完成、具有完全知识产权的当前全世界最大单口径、最灵敏、非全可动的大型天文望远镜，开辟了我国自主建造世界领先水平的大型射电天文望远镜的历史先河，为国家大科学装备的工程建设打开了崭新的一页！

"天眼"一出，举世为之震惊！

图1　2016年9月25日建成的中国天眼"FAST"

FAST 的建成，是我国重大科学基础设施工程建设史上的一座新里程碑，是中国创新设计能力、自主制造能力、综合经济实力显著提升的重大标志。它创造了众多的不可能，在自主创新设计构思、超大型工程选址定址、复杂系统的精细精密设计与建造、关键支撑材料部件的自主研发、工程协同集成攻坚等诸多工程建设难题上，突破了重重制约和困难，实现了中国“大国重器”高端装备制造的一个真实的梦，彰显出在新的时代环境下，中国制造整体实力和水平的提升，在全球大型天文射电望远镜的建造历史上书写了浓墨重彩的一笔！

它的诞生，取代了之前世界上最大球面射电望远镜——美国 1963 年在波多黎各建造的阿雷西博(Arecibo)望远镜（直径 305 米）的地位，不仅观测面积和观测能力大幅增强，而且在灵敏度上提高了 2.25 倍；而与德国波恩的 100 米口径射电望远镜相比，灵敏度则提高了约 10 倍，成为全球大型天文望远镜“观天巨眼”阵列中最为独特的“中国天眼”！

它的探测能力，在理论上可延伸探索到上百亿光年之外宇宙的深空领域,将为我国乃至全球天文与科学领域在开展宇宙起源及演化、寻找地外文明、观测脉冲星、研究宇宙大尺度物理学、空间飞行器测控通讯、宇宙微波背景巡视等探索与发现方面,提供重要的大型探测装备支撑,将在未来几十年长期的国际天文探测发现中发挥出巨大的作用!

图 2　美国阿雷西博 305 米口径望远镜

FAST 作为我国首次建成的世界一流大科学装置,之所以吸引了全世界的目光,就在于它在天文观测、科学探索、科技创新等方面所具有的重大划时代意义。它的建成,不仅显著提升了我国天文观测与探索的能力,使中国天文观测的范围得到显著的拓展、延伸;而且,它还具有更加强大的观测、探测、感知、巡视能力,进一步巩固了中国在全球天文探测、基础科学研究探索领域的重要国际地位，“大国重器”的显著意义不可替代！

具体看，FAST 的观测和探索能力及其在辅助科学研究方面的重要作用，主要体现在以下六个方面：

其一，穿透茫茫太空，显著提升我国的深空探测能力。它将使我国的空间探测能力延伸至太阳系外缘，成为深空探测与通讯的强大地面支撑装备，有助于将深空通讯数据的下行速率提高 100 倍，在全球深空探测领域的地面低频接收设备中独一无二，可以称之为独步世界！

其二，探索宇宙起源，延伸了对中性氢的观测边界。中性氢是与“宇宙大爆炸”同龄、以中性氢原子形式在星系间广泛存在的氢元素，能自身发射 21cm 谱线，对其进行观测研究有利于解开宇宙大爆炸之谜。FAST 对中性氢的观测能力，将进一步延伸到宇宙边缘，同时可以探索暗物质、暗能量等，在揭示宇宙诞生与演进规律方面做出贡献。

其三，观测发现脉冲星，探索宇宙深层次的奥秘。脉冲星是恒星在超新星阶段爆发后的产物，是一种高速自转的中子星，密度高、自转速度快、自转周期稳定。通过FAST的观测，来研究宇宙大尺度物质结构及物理规律，可望发现更多的中子星、奇异星，同时实施检测引力波等科学研究，探索仍不为人类所知道的宇宙深层次奥秘。同时，FAST可以作为一个高精度的脉冲星计时阵，利用脉冲星极其稳定的自转频率进行长期计时观测，摆脱现有人工信标和通讯能力的限制与不足，能实现航天器的自主导航，为我国航天器的太空之旅保驾护航！

其四，监测国家空间安全，实现国防微波巡视。FAST具有极高的灵敏度，兼备宽频带、高采样率的显著优势，这使其具备了成为一个强大被动监视系统的必要条件，可用来进行国家空间安全的监测，可以分析空间及飞行器等微弱的无线电目标信号，进一步强化和提升我国战略空间安全巡视的能力！

其五，强化我国地面探测能力，为"子午工程"提供重要监测装备支撑。我国"子午工程"将建成一条跨度长、监测广、综合性高的空间环境地基监测子午链

(“子午工程”即“东半球空间环境地基综合监测子午链”,为我国空间科学首个国家重大科技基础设施项目,主要开展陆地、海洋、大气层之外的号称“第四环境”的地球磁场空间监测研究工作，2012 年启动一期工程建设，沿东经 120°、北纬 30°部署 15 个台站，2019 年二期工程建设开工，沿东经 100°、北纬 40°部署 16 个台站)，而其中地面监测中的非相干散射雷达是一个主要基地。FAST 独特的观测特性，使其成为研究高空大气物理状态理想的地面探测装备，可对 70 ~ 1000 千米高空大气参数(电子、等离子体热起伏引起的微弱散射信号)进行遥测,开展我国东半球跨国子午链空间环境及天气监测的预报,可作为我国“子午工程”的非相干散射雷达接收系统，共同构筑“子午工程”。

其六,组建大射电望远镜观测群,构成甚长基线干涉测量网。FAST 可与我国其他 5 座射电望远镜共同组成系统观测群，形成甚长基线干涉测量网（VLBI，Very Long Baseline Interferometry，是在单口径射电望远镜的基础上，运用综合孔径原理、计算机技术和原子钟技术，以众多小天线的组合获取一面特大天线的观测效果，同步提升射电望远镜的分辨率和成像能力，基线长度可以超限延长，达到甚至超越地球尺度的范围，实现更高领域和水平的天文观测）。以 FAST 为主组成的我国射电望远镜系统观测群，可主导国际低频测量网，能够更好地获取宇宙天体的超精细结构，还可完成搜寻星际信号、寻找地外文明、跟踪探测日冕物质抛射状况等使命，进行太空天气预报等。

截至 2019 年，FAST 经过 3 年多的调试，已经实现了跟踪、漂移扫描、运动扫描等多种观测模式，探测到 102 颗脉冲星，其中 44 颗得到认证，初步在全球脉冲星观测方面显现出强劲威力！同时，它首次发现了毫秒脉冲星；与上海佘山的射电望远镜完成了甚长基线干涉测量，并且正式通过了国家验收，开始试开放运行；将在天文观测、宇宙探索、科学发现、精密测量等诸多方面发挥出“大国重器”的重要作用；在低频引力波探测、快速射电暴起源、星际分子探测等前沿领域，为国际天文探测、宇宙科学探索、国家科技创新、战略安全保障等做出重大贡献！

（二）怎样的一只“巨眼”

建造如此规模巨大、高度灵敏而又结构复杂的FAST，其间蕴含着多少不为人知的内涵特质与神奇奥秘？它超强的观测本领又是如何产生的？这是一只什么样的“观天巨眼”？要破解这些疑问，就必须深入了解它的组成部分、建造结构以及设计、建造的难点和创新之处。

FAST 主要由三大系统组成：**主动反射面系统、馈源支撑系统、测量控制系统。**

主动反射面系统是一个巨大的天线反射面，包含由圈梁、格构柱、主索网、地锚、下拉索组成的主体支撑框架，由三角形索网和反射面单元组成的反射面以及由卷索和促动器组成的液压促动器装置这三个部分。是实现 FAST 主动改变反射面形状的关键，也是它区别于美国阿雷西博（Arecibo）望远镜最为显著的特征。当其形成直径 300 米的瞬时抛物面观测时，可以聚焦天顶角26°左右的天体目标，若直径更小，则可观测的天顶角达到40°范围，基本不存在方向性的观测死角；而阿雷西博（Arecibo）望远镜由于反射面不可动，可观测天顶角仅约20°。

馈源支撑系统是用于天线接收电磁信号的装置系统，包含了支撑塔、索驱动、馈源舱、停靠平台，主要支持馈源舱在大跨度柔索驱动控制下，按照预定轨迹运行，跟踪所要观测的天体，精确、快捷地将天线反射面收集的电磁信号汇聚、传输到接收机和终端系统，进行数据分析和处理。

测量控制系统是对整个望远镜及其观测装置进行精准测控的平台，包含了基础测量、主动反射面测控、馈源位姿测控以及望远镜总控四个部分，是确保FAST建造、运行、维护等工作顺利进行的可靠保障系统。

FAST 的建造集中体现了“**中国创造**”的智慧和力量，它的**工程选址**、**主动变形反射面**、**轻索拖动馈源支撑**是最重要的三大创新，是立项选址、先进设计、复杂建造、精准对焦的关键。在工程建造的选址、设计、选材、控制、运行、调校等重要的要素和环节上实现了诸多敢为人先的新突破,创造了我国超大型工程建设的一个奇迹!

创新之一——工程选址:找到一口天然偶成的巨型“天线锅”

500米口径的FAST,需要找到一个天然偶成的绝佳工程地址,不仅在地形外貌上与巨大口径的建造基础需求相吻合,也要在地址、水文、电磁环境等方面符合大型射电望远镜长期工作的最佳条件,工程选址成为首个必须解决的难题。

大窝凼,是一个贵州方言词语,意思就是一个体积很大的坑。贵州山区喀斯特地貌的众多大窝凼,成为FAST选址的最佳地域。如今,因为FAST在贵州平塘落成,这个鲜为人知的贵州方言词语,正被越来越多的世人所知晓,而平塘县克度镇也一跃成为科技爱好者、天文观测爱好者的游览观光胜地。

建造FAST之所以选中贵州平塘,是因为这里独特的喀斯特地质洼地的地貌特征,经过“大海捞针”式的地形、地质、水文等综合勘察、甄选,最终将FAST建址确定为克度镇大窝凼洼地。这个百里挑一的特殊大洼地，直径大约为800米，适合口径500米的FAST建造规模需求，属于低山地形，几近半球体完美构造，区域内地貌类型显著、山峰高差适度，岩溶落水洞广泛分布，最接近FAST的建造地形要求。这一特殊的地址，使FAST的工程开挖量最小，喀斯特地貌的地质特点使雨水渗透顺畅，对FAST长久使用中的表面雨水淤积和腐蚀等问题的影响较小；同时，这里地理位置偏僻，周边电磁环境相对"安静"，非常有利于FAST执行天文观测任务的需要。电磁干扰小，无线电环境条件较为理想，便于FAST能够长期在此"专心工作"。

图3　贵州平塘喀斯特地貌风景

创新之二——主动变形反射面：伸缩自如、灵动机敏的反射"眼球"

FAST 采用主动变形反射面，这是与全球其他射电望远镜不同的设计与构造方式，突破了主动反射面变形控制的难题，可以更准确地收集聚焦宇宙里微弱的射电信号，达到对天体观测范围与状态的最佳效果。这也是FAST独有的设计亮点之一。

主动变形反射面采取主动变位工作方式，可根据不同观测天体任务的需求，在整个反射面处于中性球面的基础上，实施主动变位，适时调节反射面整体的形状，以形成合适的抛物面，达到最佳的射电观测状态。

主动变形反射面主要由索网结构和反射面面板两大部分组成，具体包括直径约为500米的索网主体、反射面面板以及驱动器装置、地锚、圈梁等，是FAST球形反射面的基本支撑架构和控制体系。FAST 总体实现了主动变位的工作方式，可在观测方向形成300米口径的瞬时抛物面，从而汇聚电磁波，改正球差、实现宽带和全偏振，实现主动变形精准观测天体，犹如灵动的"眼球”，可以极大地提升观测的范围和效率。

索网是主动变形反射面的主要支撑，其制造与安装解决了超大跨度设计安装、超高疲劳性能测试、超高精度制造工艺等关键技术难题，是全球首个采取变位方式工作的索网体系。索网主体结构由 6670 根主索、2225 根下拉索连接而成，绝大部分钢索在索段精度、节点精度上的要求达到毫米级，因此近 9000 根钢索千差万别，其制造与安装堪称不可想象的难题，国内外无任何经验可借鉴。索网采用了具有自主知识产权的高精度、高强度钢索，其研制、攻关经历了“失败、改进、完善”的艰难历程，其抗疲劳性能等达到国际先进水平，形成了 12 项自主创新专利成果；索网安装也创造了高空拼装的记录，是 FAST 既稳若磐石、固若金汤又精准精确、灵动自如的坚实基础。

索网结构上嵌入安装了 4450 块反射面面板，总面积相当于 30 个足球场大小，约 25 万平方米，每一块面板是一个边长 11 米的三角形，厚度约 1 毫米，表面有很多直径约 5 毫米的小孔，便于透光、排水、通风，从而减轻风阻、减少重量。在索网连接节点下方安装了下拉索和驱动器，2225 根下拉索的每一个节点都有精确的坐标，驱动器与地锚连接，通过驱动器实现反射面面板的位置和姿态的改变，达到协同运动、精准定位，从而构成了 FAST 灵动“眼球”的整体系统，实现了反射面主动变形的功能。

图 4　主动变形发射面及索网框架示意

创新之三——轻型索驱动馈源支撑：精细控制、精准调校的神奇“瞳孔”

FAST 的馈源舱，是接收宇宙射电信号的核心装置。馈源舱的支撑与控制系统，是实现精准观天的关键，要在主动变形反射、精准馈源接收紧密协作上把握最核心、最精细、难度极大的位姿运动与控制，是FAST最有特色、最富灵动、最具创意的自主变革式设计的重点。

FAST采用轻型索驱动馈源支撑，这一创意概念从1995年刚提出之始，就被国际“大射电望远镜”（LT，Large Telescope）负责人布朗博士称为“大胆革新（break-through innovation）”，并在20多年的理论设计、建模分析、可行论证、缩比试验、工程建造中，一步一步将创新思路的蓝图变成了真正在FAST观测中发挥核心作用的精准、灵动的“瞳孔”，成为FAST工程中自主创新的一大亮点！

该系统采用6根大跨度的柔索驱动馈源舱、粗精两级耦合控制的轻型索拖动馈源支撑，创造了设计、建造过程中的机电光一体化的创造性变革，达到了馈源平台2个数量级的减重，实现了毫米级高精度动态定位，是FAST观天探测中具有显著精准功能的最大特色。

具体说来，FAST在大窝凼周边的山峰上建造了6向支撑塔，安装了钢索柔性支撑体系、导索、卷索等，采用大功率伺服装置驱动6根大跨度悬索，以并行方式拉动馈源舱，实现馈源舱的一级空间位置调整，达到馈源对观测轨迹的粗略跟踪，如同“瞳孔”的大聚焦；馈源舱直径10米左右，而安装在馈源舱内部的6自由度调整子系统进行跟踪精度的有效补偿，实现高精度跟踪，馈源舱内部则安装了Stewart平台（精调并联机器人）用于二级调整，如同“瞳孔”的小聚焦；在粗精两级调整机构之间还有转向机构，辅助调整馈源舱的姿态角，使FAST观测的球冠张角可以达到110°~120°，极大地提升了观测效率。这种设计，弥补了美国阿雷西博（Arecibo）望远镜观测天区受限（球冠张角仅20°）、馈源支撑系统过重、造价高的不足，改变了纯机械设计建造的缺陷，使馈源支撑系统的总重量从10000吨（Arecibo馈源支撑系统自重1000吨，建造FAST若沿用其设计方案，馈源系统自重将重达10000吨）降为30吨，动态定位跟踪精度达到毫米级，突破了阿雷西博（Arecibo）望远镜的线馈源、窄带宽的限制，实现了FAST点馈源、宽频带的改进，整体的观测能力得到了显著提升，跃居全球领先水平。

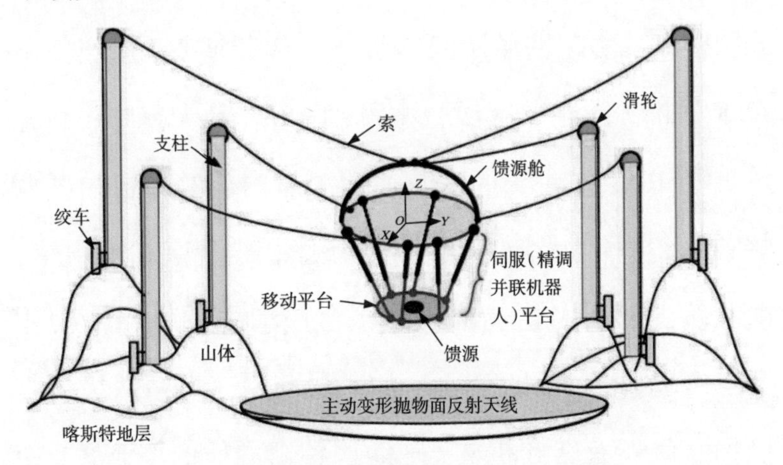

图 5　轻型索驱动馈源支撑系统示意图

此外，FAST 工程中的精密测量与控制、馈源与接收机系统及观测基地等基础保障和基本设施的建设，也是这个巨大系统中必不可少的重要组成部分，在建设过程中与 FAST 工程整体的质量和水平要求相匹配，做到了精益求精、臻于完美。

测量与控制系统建有 24 个基墩，架设了高精度的激光测量设备，每一个三角形反射面的顶点设有激光标靶，对反射面面板的位置进行测量定位，从而实现了整个反射面系统的精准变形控制，达到了毫米级基准，进行实时检测和监测。馈源与接收机系统主要包括高性能多波束馈源接收机，频率覆盖 70 MHz~3 GHz，以及馈源、低噪声制冷放大器、宽频带数字中频传输等设备。观测基地主要是配套及辅助设施，包括计算机中心的数据存储、处理、分析等后端高性能计算设备，以及日常运行、观测维护等设施。

FAST 的落成启用，堪称我国重大科技基础设施建设的一个典范，从它的设计建造时间、工程规模和施工难度、主要功能以及指标等方面综合衡量，可以看出中国制造在一个新发展高度上的显著跃升！

（三）二十二年铸一梦

FAST 的工程建造，经历了长达 22 年的时间，从提出概念、设计论证、勘探寻址、立项批复、开工建设、工程推进到攻坚克难、建造完工，可谓一路披荆斩棘、风雨坎坷，一朝梦想成真，举世震惊！

这个艰苦卓绝的过程，如同铸造一把利剑，需要坚忍不拔、精益求精，更需要千锤百炼、一气呵成，将心血凝聚、魂器交融的“铸剑”精神，融汇于建造超大工程的拼搏砥砺中，成就了一个“大国重器”的中国梦！

1. 肇起一个天文梦

1993年，在日本东京召开的国际无线电科学联盟大会上，包括中国、美国、俄罗斯、英国、德国、法国、澳大利亚、加拿大、印度、荷兰在内的10个国家的天文学家，提出建造新一代“大射电望远镜”（LT）的设想，期望接收到宇宙中更多的射电信号，以发现宇宙诞生之谜，探索宇宙结构及其演化规律，借助大射电望远镜推进人类科学探索的新进展。

会议结束后，时任中国科学院北京天文台副台长的南仁东（后任FAST项目首席科学家兼总工程师）一把推开吴盛殷（时任国际LT委员会中国代表）研究员的门，冲口说出一句：“咱们也建一个吧。”自此，建造我国自己的大射电望远镜，成为以南仁东为代表的科学家们的强烈愿望，他们自此踏上了实现这个伟大梦想的漫漫征程。

2. 科学严谨的项目论证

仰望星空、憧憬苍穹，了解其中的奥秘，是我国古人多少年、多少代的愿望。而我国古代为观天象、察天道、究其理而发明制造的各类天文观测、计时测量等仪器数不胜数，如圆仪、浑仪、简仪、圭表、晷仪、日晷、漏壶、更香、秤漏、浑象、水运浑天、水运仪象台等，不仅构思巧妙，而且制造精良、品质卓越，为世界天文学的诞生和发展奠定了前期基础。

近现代，西方科技文明迅猛发展，天文望远镜的发明与建造，开启了天文观测和科学探索的新领域。从光学望远镜、射电望远镜、红外望远镜、紫外望远镜到X射线、γ射线望远镜等工具的建造，基本为世界一流制造强国所占据，我国在天文望远镜制造上始终落后于发达国家，自主建造世界领先的大型天文望远镜，成为天文学家、科学家共同的渴望和梦想。

1994年至2011年的17年间，我国提出建造500米口径球面射电望远镜（简称FAST），并对此项目的可行性、初步设计、勘察选址、工程方案等进行了科学论证，逐步将建造 FAST 正式列入国家重大科技基础设施建设之列。

1994 年，南仁东研究员提出在贵州喀斯特洼地建造我国的“大射电望远镜”（LT），最初起名为 KARST，意在充分利用当地有利的地质地貌特点，自主建造大型天文观测工具。1995 年，以原北京天文台为主、联合国内 20 余所大学及科研机构组成了“大射电望远镜”中国推进委员会，南仁东任主任。该委员会以借鉴全球最先进的美国阿雷西博（Arecibo）望远镜特点，提出了建造中国更为先进的“阿雷西博型大射电望远镜”——FAST 为奋斗目标。

2001 年，FAST 预研究获得中国科学院首批“创新工程重大项目”立项支持，通过了总体论证验收；2007 年，国家发改委正式批复立项将 FAST 列入国家重大科技基础设施建设项目，并列入国家高技术产业发展项目计划，自此进入可行性研究阶段。2008 年国家发改委批复了 FAST 的可行性研究报告；2009 年 FAST 项目初步概算获贵州省发改委正式批复；2011 年 FAST 开工报告、初步设计及概算获得了中科院、贵州省正式批复。一个“大国重器”的建造梦想正逐步从构思之初走向实现之途。

3. 宏大复杂的工程建造

2011 年 3 月，FAST 正式开工建设，最初工程概算大约为 6.67 亿元人民币，预计到建成启用需要的总费用大约为 11 亿元人民币。开工后，台址挖掘、边坡治理、安装圈梁等加快推进，观测基地、主动反射面等的建造也陆续展开；到 2015 年，索网制造和安装工程结束，主体支撑框架基本完成，突破了材料、工艺、安装等主要制造关键环节，创造了我国自主研制完成高性能抗疲劳、高弹性抗拉伸索网的新纪录，在高空安装的新高度、在索网制造方面也都创造了崭新的纪录！随后，综合布线工程完成，具备了供电条件；完成了馈源支撑系统升舱试验，进行了功能性测试；到 2016 年 7 月 3 日，最后一块反射面面板吊装结束，标志着 FAST 主体工程的基本完工，“观天巨眼”初步建成。

FAST 创造了中国大型装备制造在规模、口径、精准性、灵敏度上多个全球第一的纪录，超越了号称人类

20 世纪十大工程之首的美国阿雷西博（Arecibo）望远镜的整体性能，也体现了中国大工程项目在设计、研发、制造、施工、工艺、质量等诸多方面的高度协同、高效协作精神。FAST 的 500 米口径、1600 米圈梁长度和 5600 吨钢材、近 9000 根高精度高强度钢索和 1600 吨重量、4450 块反射面面板和 25 万平方米面积，以及精妙灵动的主动反射面设计制造、轻型索柔性拖动馈源舱支撑控制、精准的定位信号聚焦、极大减重的 30 吨馈源舱灵活调节、2.5 倍于阿雷西博（Arecibo）望远镜的灵敏探测，以全方位、全视角的建造亮点彰显出中国创造的智慧、水平和能力！

4. 彪炳时代的心血结晶

FAST 是天文观测、科学探索的大型科技基础装备，其落成启用在天文学、基础科学探索方面具有里程碑意义。FAST 汇聚了中科院、国家天文台、西安电子科技大学、清华大学、哈尔滨工业大学，以及众多参与项目论证、研究、设计、制造的科研院所、制造企业的骨干力量，一大批科学家、工程师、研究者、技术工匠和一线工人贡献了智慧、技能和汗水，是以“时代楷模”南仁东为代表的成千上万名设计者、研究者、制造者、建设者共同心血的结晶！

FAST 的建造，为相关制造企业及产业创造了自主创新的难得契机，在设计、材料、制造、工艺、安装以及调试、后期数据存储处理分析等方面提供了广阔的创新舞台，是中国制造一步一步从中低端向高端迈进的一个重要标志！

2016 年 FAST 正式落成启用，不仅代表着天文观测、科学探索上一个大型一流巨系统装备的完工，更是中国制造在机电一体化创新设计、大型天线制造、高精度定位与测量、超宽带信息传输、高质量电磁波接收机、高品质传感器以及海量数据存储处理等方面的一个综合集成制造的典范。在大尺度结构工程、高精度动态测量、大型工业机器人等设计与制造方面积聚了丰富的工程建设经验，对我国装备制造的巨型化、信息化、智能化发展具有重大战略意义！

二

浩瀚宇宙探洪荒

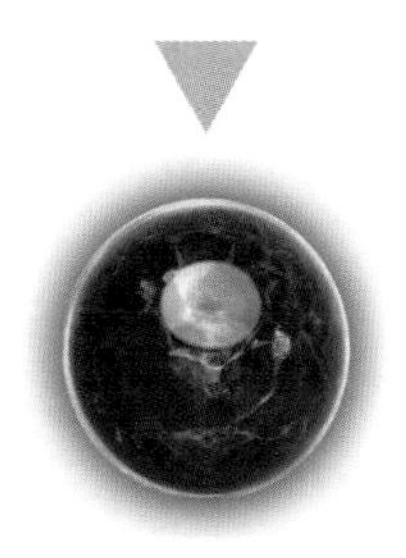

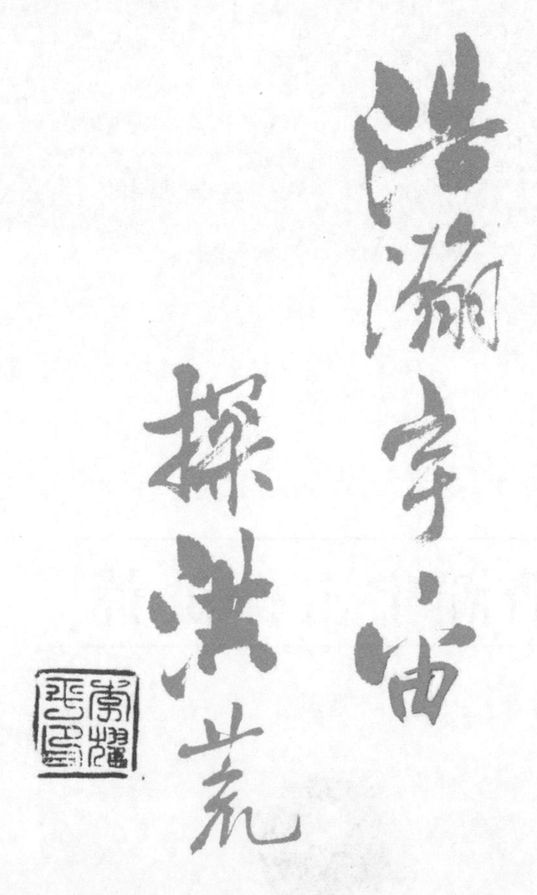
浩瀚宇宙
探洪荒

宇宙之大，深邃无垠。人类通过观察、观测，对自然、宇宙的现象进行认知，以主观的想象、思维开启了探索、认识的进程。在这个进程中，从放眼所观、主观所想到客观推理、逻辑思维，再到原理推演、工具验证、科学论证，一个从未知到已知再到未知的不断探索的螺旋式循环上升过程，形成了科学发现、科技探索的无尽源泉和不竭动力！

科学探索工具在其中发挥的重要作用，就是帮助人类观察、观测，验证和启迪更多的已知或未知，持续开拓人类认知自然、宇宙的范围和疆界。以FAST为代表的大型射电望远镜，就是人类开展太空宇宙探索、前沿科学探索的重要工具。“千里眼”的梦想人类亘古就有，历史上各种观天仪器、近代各种天文望远镜的发明，为人类探索广袤星空里的奥秘，发现宇宙起源，寻找万物诞生、发展、演变的规律，提供了强有力的工具支撑。

仰望星空，浩瀚宇宙；探秘洪荒，浩渺无穷。人类对自然、宇宙的认知与探索，可能是一个怎么也解不开、解不完、解不尽的科学之谜，探索未知的步伐永远也不会停止！

（一）亘古以来的仰望星空

人类文明诞生于认知世界、改造世界的伟大实践，眼之所见、目之所及，观天察地、俯仰洪荒，启发了思维、启迪了思考，劳动不仅改变了人类的生活，也改变了人类的大脑。从动物演化而成的人类，对自身的认知、对世界的认知、对人与世界的认知，成为哲学思考的基本问题。在仰望星空时，人们不仅产生了无限遐想和美好憧憬，更激发了发现未知、大胆猜想、更新认知、一探究竟的极度渴求，而这渴求成为历史长河中始终不辍的执著愿望！

1. 奇幻的神话冥想

中国上古神话中，对天地万物起源、发展，有着模糊、混沌而又综合、整体的主观认识。如《山海经》所记载的地理风物、奇兽异怪、风雨雷电、日月星辰等，是将古人对世界的观察、想象与人类思想、社会生活、感情认知杂糅在一体的典型神话故事,描绘出一幅主观想象世界中的自然和宇宙的宏阔场景,反映出古人对天时天象、自然景象的观察和猜测。如“盘古开天”追溯天地混沌之始；“女娲补天”想象天地变化之危；“后羿射日”表达人类改造自然的想法；“嫦娥奔月”抒发亲身实践探索未知的愿望。又如演绎出三皇五帝、风伯、雷神、雨师、电母，以及归纳出东、西、南、北四方和春、夏、秋、冬四时等，反映出古人简单、朴素而又混沌的主观认知。

古希腊神话中，混沌之神卡俄斯、大地女神盖亚代表着开辟世界的始祖，而奥林匹斯诸神如众神之王宙斯、天后赫拉、太阳神阿波罗、海神波塞冬、智慧女神雅典娜、爱神阿佛洛狄忒、艺术女神缪斯、冥神哈迪斯等，则反映出司职不同权力的诸神的分工与使命。而普罗米修斯的故事、阿尔戈英雄历险、俄狄浦斯王的故事、底比斯战争、特洛伊战争等，则将人类的爱恨情仇、权力纷争、生活百态完全与想象中的诸神融为一体，实际上反映出主观世界对客观自然和宇宙的朦胧认知，是古希腊人心目中对世界和宇宙诞生、发展的源头、规律的猜想。

这些，都来自于古人对自然、宇宙的观察与想象。

2. 古人观天象启迪哲学之思

古代神话来自于古人对自然、宇宙的观察，发自于内心对未知世界的想象和憧憬，仰观天象、俯察大荒，成为古今中外哲学家沉思的源泉。无论是东方还是西方的神话传说，如混沌之初、开天辟地、掌控自然之力及其背后的规律等，都是人类对自然和宇宙的诞生、发展及其规律表现出的强烈探索渴望，赋予了人类极具创造力和想象力的思考、猜测。

中国古代观天象，根据日、月及金、木、水、火、土运转的规律，以东、西、南、北四个方位对天区进行划分，形成了“青龙、白虎、朱雀、玄武”二十八星宿的形象概念。

西方古代观天象，划分出了水瓶、白羊、金牛、双子、巨蟹、狮子、处女、天秤、天蝎、射手、摩羯、双鱼十二星座，与古希腊神话根脉相连、息息相关，充满了人神共存的奇幻的浪漫主义色彩。

基于此，关于人自身探索追问的哲学命题“我是谁、从哪儿来、到哪儿去”的深刻意义彰显无疑，而人对自然和宇宙“如何诞生、从哪儿来、到哪儿去”的科学探索更无止尽！

哲学的沉思来自于人对自身、自然和宇宙及其之间关系的本源探究，中国古代阴阳五行、“天人合一”“一生二、二生三、三生万物”等哲学思想，西方古典哲学毕达哥拉斯学派“数”的概念、赫拉克利特“逻各斯”、德谟克利特“原子论”等哲学起源，虽然具有东西方综合、分析各具特点的哲学特征，但均与对自然和宇宙的观察息息相关。哲学的沉思是神话的延伸和演进，从而进一步推动了科学探索、技术发明的历史发展。

3. 工具制造推进了科技发展

科学探索始于猜想、假设，起于理论、构思，成于演绎、推理，结于实践、验证，是人对宇宙万物进行本质探究、规律摸索的主客观统一的实践活动。科学探索是人类真正了解、认知自然和宇宙的手段和方式，并依靠一定的工具、仪器等延伸扩展认知、感知的领域和范围，为不断解开未知之谜而不懈努力！

工具的发明，为人类改造自然创造了条件，也为科学探索提供了支撑。人类通过劳动，不仅解决了生存的问题，从动物进化成为人，而且诞生了生产工具，延伸了四肢能力，拓展了大脑思维，推进了历史进程，改变了社会形态。

从蒸汽机、纺织机、发电机、电动机到计算机乃至卫星、航天飞船、太空站以及大型粒子对撞机、核反应试验堆、太空望远镜等，工具的发明、制造和改进，不仅提升、改善了人类社会的生产和生活，而且也为人类进一步改造自然、探索宇宙提供了强大的条件支撑。物质资料的不断丰富、科技工具的完善更新，激励着天文学家、科学家一次又一次向探索宇宙奥秘的更远征程出发，不断创造着感知自然、认知宇宙的新的神话，也为人类更真切、更深入、更深刻地“仰望星空”，提供了越来越强大的工具装备，从而能够把科学探索的目光投向广袤无垠的浩渺深空，把科技发现的触角伸向茫茫无边的广阔宇宙！

（二）千奇百怪的望远镜

望远镜的发明，延伸了人们的视野，扩大了观测范围，堪称“千里眼”。望远镜不只在目力所及的可见光范围内拓展了观测边界，而且在更为前沿的射电天文观测、宇宙起源探索、科学未知发现上提供了有力的观测、探索工具。而历史上那些千奇百怪的望远镜，不仅是科学家、发明者智慧的结晶、汗水的凝聚，更集中代表着人类发现规律、追求真理、认知世界、探索宇宙的梦想和信心！

1. 一个改变天文观测历史的伟大发明

1609年，意大利著名的物理学家、天文学家伽利略在访问威尼斯时，听到一个关于荷兰眼镜商汉斯·里帕席造出望远镜、帮助荷兰海军及早发现敌船的故事后，随即认真思考，利用透镜聚光的原理，亲自动手将一块凹透镜和一块凸透镜装在一根铅管中，制造出了自己的第一架“折射式透镜望远镜”，并将望远镜的观测对象指向宇宙星空，观测月亮、太阳、木星、金星乃至银河，开辟了人类天文观测的历史先河。

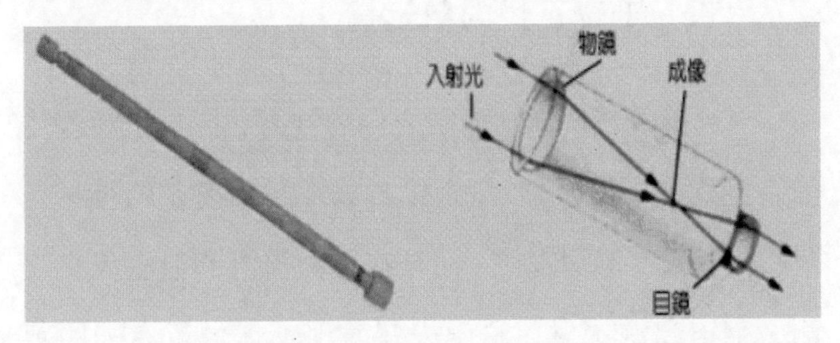

图 6　伽利略望远镜原理示意图

之后，德国著名天文学家开普勒发明的望远镜改正了伽利略望远镜中物镜所造成球差的不足，他制造的长筒望远镜曾风靡一时。波兰天文学家赫维留斯、荷兰天文学家惠更斯、意大利天文学家卡西尼制造的长达数米乃至数十米的长筒望远镜，在观测月球、土星、木星等方面都发挥了突出作用。

而牛顿在 1668 年制造的第一架反射式望远镜，消除了折射望远镜的色差问题，推动了光学望远镜新的发展。后来英国的“恒星天文学之父”赫瑟尔制造的巨大望远镜，对进一步观测太阳系乃至银河系做出了重要贡献。而爱尔兰罗斯伯爵制造的“城堡”巨型望远镜，又将观测范围扩展到河外星系！

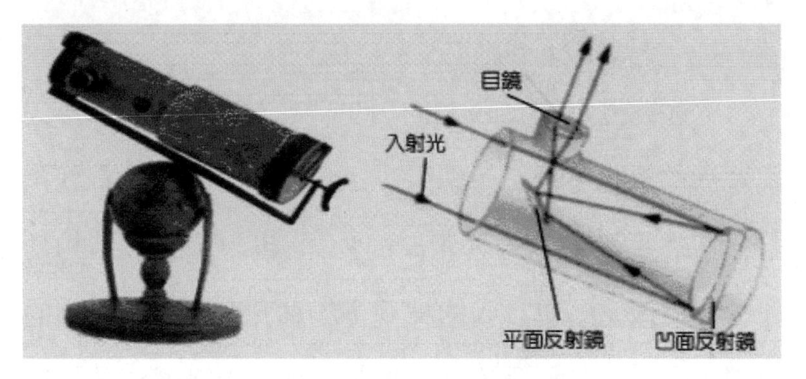

图 7　牛顿反射式望远镜原理示意图

大型光学望远镜发展到今天，在前人发明制造的基础上不断改进，向着更大口径（数米到数十米）、更高清晰度、更先进结构设计、更远观测范围的目标不断拓展。如美国克拉克父子建造的里克望远镜和叶凯士望远镜、天文学家海尔制造的系列望远镜、德国俄裔科学家施密特建造的望远镜等，都大大推进了光学望远镜的新发展。时至今日，全球大型光学望远镜如美国凯克两架“双胞胎”望远镜、欧洲南方天文台的甚大系列望远镜、日本的昴星团望远镜等，以及我国的 LAMOST（Large

Sky Area Multi-Object Fiber Spectroscope Telescope，大天区面积多目标光纤光谱望远镜)，将“观天巨眼”的建造推向新的发展阶段，为天文观测、科学探索提供了更加强大的工具支撑。

望远镜登上天文观测的历史舞台，第一次实现了人类观天的遥远梦想。借助工具，观测者不仅可以看到肉眼在常态下看不到的远距离的物体，也因望远镜结构功能的不断改进，使看到的被观测物体更加清晰、观测的范围不断拓展、观测的精度更加细致，让观测结果与科学猜想、理论推演、原理验证相互匹配，进一步推动了现代天文学以及相关基础科学研究的发展。望远镜在天体物理学、天文学、光学、生物学、医学等领域的科研探索中发挥了重要作用，帮助人类不断探索着自然之迷和宇宙奥秘。

1782 年威廉·赫瑟尔“大炮”望远镜　1918 年胡可望远镜，口径 2.54 米

2007 年加那列，口径 10.4 米　1993 年凯克，口径 10 米　2005 年 SALT，口径 10 米　2005 年 LBT，口径 8.4 米双筒镜

图 8　各种光学望远镜

2. 飞速发展的射电天文

光学望远镜主要用于对可见光的观测，而天文观测中，还包括射电、红外、紫外、X 射线、γ射线望远镜等不同波长范围的观测，可以实现更远距离、更微弱辐射信号的观测，并突破受地球大气层影响而不能在地面观测天体的局限，进行全波段的天体观测，使人类探索星空的范围更加深远和广阔。

射电天文望远镜的发明迄今大约只有 80 年，却为人类探索更加遥远、更加隐秘的天体提供了超越历史的现代工具。射电天文将天文探索和科学发现推向了一个新的阶段。

麦克斯韦电磁理论揭示了电磁场以波的形式向空间传播的规律，而俄国科学家波波夫、英国科学家马可尼发明无线电通信技术，则使全波段的天体观测成为可能。1931 年，美国无线电工程师央斯基（Karl Guthe Jansky）制造了“旋转木马”式样的天线装置，发现了来自银河系的微弱辐射信号，开辟了射电天文的先河。

世界上第一台射电望远镜是1937年由美国无线电工程师雷伯发明的，他受到央斯基“旋转木马”的启发，设计建造了由抛物面天线、木质底盘、接收机等组成的完整的射电望远镜，并观测天空，发现了天鹅座、仙后座、人马座的天体辐射。

图 9 1937 年雷伯发明的第一台射电望远镜

射电望远镜的诞生,使人类对天体辐射的观测提升到一个新的认知层次。通过测量天体辐射的强度、频谱、偏振等,可获取宇宙深空探测、寻找地外生命、探索宇宙起源等方面的新线索、新数据,而大口径抛物面天线射电望远镜的诞生,则使人类探知宇宙奥秘的能力进一步增强和提升。

迄今为止,射电望远镜在天文观测中发挥着越来越突出的重要作用,建造各种各类的大型射电望远镜成为许多制造强国综合国力和制造水平的集中体现。而口径的增大、技术的改进、精度的提高、体制的革新,则为射电天文的快速发展提供了更加强大的基础设施支撑,使大型射电望远镜成为探索无线电波、电磁波这些与可见光不同的“不可见信号”的强大工具,让人类探秘宇宙的能力和范围得到更深、更远的拓展,进一步增强和提升了认知自然、探秘宇宙的能力。

3.“千姿百态”的大型射电望远镜

随着20世纪中叶以来全球信息技术、电子制造技术、网络技术的发展,射电望远镜从单口径到综合孔径再到甚长基线干涉测量网，观测的距离、范围以及分辨率、成像能力得到了突飞猛进的提高，各种各样的大型射电望远镜形成了“千姿百态”的射电望远镜观测工具群。天文探测的国际合作也越来越紧密，人类探索宇宙奥秘的认识越来越一致，观测工具之间的成果相互印证、数据共享渐渐成为一种默契，推动着天文探索的更大进步。

细数全球各种各样的大型射电望远镜，可以基本分为单口径天线射电望远镜、综合孔径天线射电望远镜两大类。

（1）单口径天线射电望远镜

1955 年英国焦德雷尔·班克（Jodrell Bank）天文台建造的直径 76 米的望远镜，是第一个真正的大型全可动的反射面天线望远镜，在早期发现脉冲星的天文观测中发挥了重要的作用。

1961 年澳大利亚建成使用的帕克斯（Parks）射电望远镜，直径达 64 米，在南半球高纬度的天文观测中发挥了独特功能。

1963 年，美国在波多黎各建成使用的阿雷西博

（Arecibo）球面射电望远镜，直径达到 305 米，充分利用当地喀斯特地貌，减少了造价和技术难度。球面天线反射面由 38000 多块金属板拼接而成，而承载馈源、接收机、发射机等设备的空中背架结构系统重达 1000 吨，该背架结构由连接于 3 座高约 100 米高塔的 18 根钢索固定。它的建成，改写了单口径天线射电望远镜的纪录，在 50 年里保持着全球最大射电望远镜的重要地位，在类星体、脉冲星、宇宙边缘射电源观测以及地球大气测量等方面发挥了重要作用。

此外，德国 100 米口径的埃菲尔斯伯格（Effelsberg）望远镜是当时全球最大的全可动望远镜，使观测达到毫米波段，成为观测分析谱线的有力工具。而美国 100 米×110 米口径的绿岸（Green Bank）望远镜则采用偏馈反射面天线方式，减少了传统正馈所带来的副面撑腿对主反射面的遮挡，增加了接收面积。

另外，还有专门用于毫米波、亚毫米波观测的射电望远镜，如美国 12 米天线基特峰（Kitt Peak）毫米波望远镜，以著名物理学家麦克斯韦名字命名的 15 米天线口径的 JCMT (James Clerk Maxwell Telescope) 望远镜等。

我国 2016 年建成的 FAST，已经成为目前全球最大的非全可动的单口径天线射电望远镜（500 米），而正在建设的新疆奇台 110 米口径的 QTT(QiTai Radio Telescope) 则将成为全球最大的全可动反射面天线射电望远镜，再次刷新大国重器制造纪录。

英国 Jodrell Bank 76m 射电望远镜　德国 Effelsberg 100m 射电望远镜　美国 JCMT 15m 亚毫米波望远镜

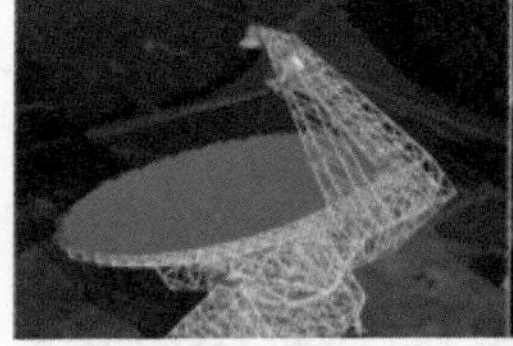

美国 GBT 110m 射电望远镜　美国 Kitt Peak 12m 毫米波望远镜　美国 NRAO 43m 极坐标望远镜

图 10　全球若干知名的单口径天线射电望远镜

（2）综合孔径天线射电望远镜

综合孔径天线射电望远镜，是 1962 年由英国剑桥大学卡文迪什实验室的赖尔（M. Ryle）利用干涉原理提出的概念，即利用许多小天线获得等效大天线观测的效果,借助数学上的有效方法解决了射电观测成像难的问题。之后，剑桥大学在 1971 年建造了等效直径 5000 米的综合孔径望远镜,从此开辟了综合孔径射电天文的新时代。

1970 年荷兰建成的综合孔径天线望远镜 (Westbork, WSRT), 由 14 面 25 米口径的抛物面天线组成，开展了致密天体脉冲星、中性氢等方面的观测。

1980 年美国建成了甚大阵综合孔径天线射电望远镜 (VLA, Very Lage Arrey), 由 27 座 25 米口径的天线组成，观测功能强大，在行星观测、微弱天体信号成像等方面发挥了重要作用。

1988 年澳大利亚建成了致密阵综合孔径天线望远镜 (Australia Telescope Compact Array, ATCA), 由 6 座 22 米口径天线组成,成为南半球分辨率、灵敏度最高的望远镜。

1995 年印度建成巨型米波射电望远镜(GMRT, Giant Metrewave Radio Telescope), 由 30 个 45 米口径天线组成，成为全球米波段观测最灵敏的射电望远镜,在观测高红移的中性氢谱线上具备了强大的能力,有望取得科学探索的突破。

2013 年在智利建造投入使用的阿塔卡马望远镜（ALMA），由 66 个天线组成，是规模最大的毫米波/亚毫米波射电望远镜，也是世界地理位置最高的望远镜阵列。

20 世纪 90 年代，国际天文界提出建造平方公里阵列综合孔径射电望远镜（SKA，Square Kilometer Array）的设想，全球十多个国家（包括中国）联合参与该项目。它是一个由 3000 面口径为 15 米的天线组成蝶状天线阵，接收面积达 1 平方公里的超大型天文望远镜。

图 11　全球若干知名的综合孔径射电望远镜

2018年开始实施SKA一期工程。SKA工程将有利于加强国际合作，进一步提升人类天文观测的能力和水平。

4. 迸发灵感的科技智慧

从光学望远镜到射电望远镜，从单口径望远镜到综合孔径望远镜，探索星空奥秘的工具制造不断走向新的水平，各种前沿、新奇的原理创意、发明创造，一直延伸着人类感知宇宙、探索未知的观测能力。而甚长基线干涉射电望远镜、甚长基线干涉观测网、空间光学及红外波段望远镜、高能波段空间望远镜等，则蕴藏着科学思维不断创新的奇思妙想，迸发出人类探索星空的科技智慧和创新灵感。在新的探索原理、方法、手段的基础上，创造出更多、更好、更先进、更超前的工具，支撑人类在探索宇宙奥秘的道路上迈向更高层次的台阶！

甚长基线干涉测量（简称VLBI，Very Long Baseline Interferometry）打破了距离、时间的局限，由两台或两台以上的射电望远镜组成干涉观测的整体系统，对同一射电源、同一时刻、同一频段的观测数据进行整合，利用原子钟校准时刻，对不同望远镜的观测数据进行处理、获得干涉信号，从而可极大地延伸基线长度，甚至可以达到等效或超过地球尺度的干涉观测基线。

同时，通过组建甚长基线干涉观测网，如欧洲甚长基线干涉测量网(EVN)、美国甚长基线干涉阵(VLBA)，极大地提升了观测的空间分辨率，可获得更为精确的天体成像构图。

空间光学及红外波段望远镜，则是借助航天器将其运载到太空后，实施更灵敏、更高观测分辨率、更宽波长范围的天文观测。如哈勃太空望远镜、康普顿γ射线望远镜、钱德拉 X 射线望远镜、斯必泽红外空间望远镜等。科技智慧为天文观测的不断发展提供了强有力的工具支撑，注入了持久不竭的动力！

（三）探索奥秘的大国重器

未知世界充满神奇，科学探索永无疆界！

人类发明制造工具，为探索未知创造了更多的条件。工具的改进和创新，使科学探索的疆界得以不断拓展，从陆、海、空、天到地球深部、日月星辰，再到浩瀚宇宙、微观粒子、生命万物，进而远溯到宇宙起源、天体运行等更加广阔、更加深远的范围和领域。科学探索工具的发明，为人类实现揭示宇宙奥秘的梦想插上了飞翔的翅膀！

在世界各国天文观测科学探索的历史进程中，我国古代天文观测历史最为悠久，各种观测仪器也层出不穷。战国时期已有使用浑仪的记载，比欧洲早了五六十年；汉、唐直至元代，浑仪、简仪、日晷、圆仪等，凝聚了我国古代科学家观测天体的智慧和心血，集中体现了中国古代科学家们独特的创造发明精神！

随着现代工业文明的发展，天文观测工具制造特别是天文望远镜的发明、制造、改进，大大推进了世界天文探索的步伐。在这方面，我国与世界的距离差距较大，由于受到工业基础薄弱、科技创新不足、制造能力落后的历史条件限制，从建国后到改革开放前，我国整个天文观测仪器的建造基本处于学习、摸索、借鉴阶段；而从 20 世纪七八十年代起，我国逐步开始建造大型天文望远镜。例如，光学望远镜方面，有上海佘山

1.56米口径望远镜、河北兴隆2.16米口径望远镜、云南高古美2.4米口径望远镜等。而受到材料、装备、设计、工艺等制造关键因素的影响，我国自主建造世界领先的大型天文望远镜的能力还远远不够，必须依赖国外力量支持。如云南高古美2.4米口径望远镜就是由英国望远镜技术公司承制，主镜由德国肖特公司提供。

改革开放后，随着科技进步和综合国力的发展提升，我国开始着手建造先进的天文望远镜，逐步向国际一流水平行列迈进。如1990年在北京怀柔太阳观测基地建成的太阳多通道望远镜，成为世界领先的太阳望远镜系统之一；又如2008年在河北兴隆观测站建成的LAMOST（Large Sky Area Multi-Object Fiber Spectroscope Telescope，大天区面积多目标光纤光谱望远镜），成为当时国际上口径最大、视场最宽、光谱获取率最高的大型施密特望远镜，突破了天文望远镜大视场与大口径难以兼得的难题，显著提升了我国在大视场多目标光纤光谱观测设备领域的自主创新能力，2010年被正式命名为“郭守敬望远镜”，以纪念我国元代著名天文学家、数学家郭守敬,彰显了中国自主制造大型天文望远镜的蓬勃崛起!

同时，在射电望远镜制造方面，从20世纪50年代学习苏联的射电天文技术、培养研究人才打基础开始，到七八十年代掀起建造射电天文望远镜的一波高潮,启动建造了北京密云综合孔径射电望远镜、上海和乌鲁木齐2台25米口径射电望远镜、上海65米以及青海德令哈13.7米口径射电望远镜等大型望远镜。2006年之后，又在北京建造50米口径、在昆明建造40米口径射电望远镜，瞄准世界前沿水平不断加速追赶!

自主建造我国重大基础科学仪器,成为探索宇宙奥秘、揭示科学规律的必然趋势,中国在从制造大国走向制造强国的历史进程中,必须拥有自己的大国重器,建造具有世界一流水平的大型射电望远镜,将是中国制造走向发展与成熟的新里程碑!

三

毕生一梦造重器

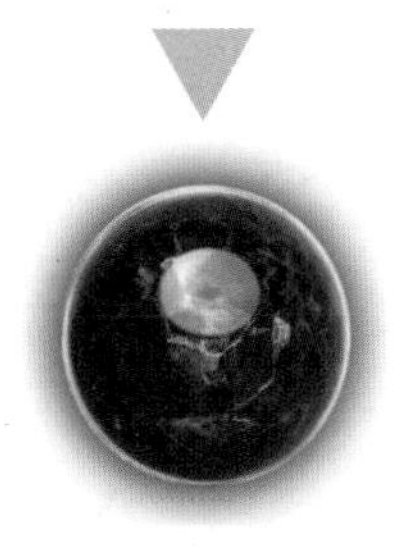

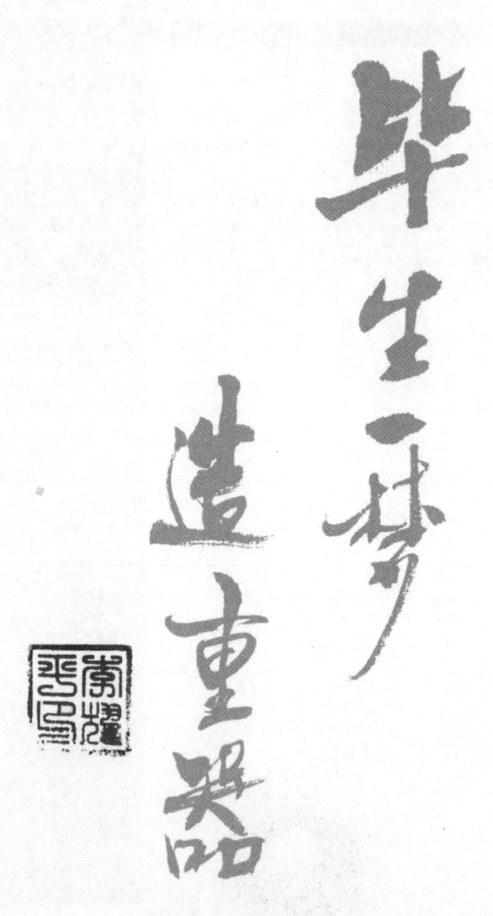
毕生一梦
造重器

人的一生时间有限，而梦想的光辉价值无限！一个人能将有限的生命投入到追寻无限梦想的实践中，坚持二十多年如一日，呕心沥血、砥砺不辍，为建造一件“大国重器”，倾尽自己的毕生心血和精力，用生命谱写了一曲人生壮歌，可谓世上少有！

正如我国古代一生只写一部书的司马迁、一生只走一条路的徐霞客、一生采集草药的李时珍、一生研究数学的祖冲之一样，他将所有心血都投入到“中国天眼”——FAST 工程的筹划建造上。而当 FAST 落成、梦想成真之后，他却因长期积劳成疾而不幸离世。国家授予他“时代楷模”的光荣称号。他，就是 FAST 总工程师兼首席科学家——南仁东。

（一）激荡人生的传奇梦

1993 年国际无线电科学联盟大会召开期间，时任中科院北京天文台研究员的南仁东，萌生了建造中国大射电望远镜之梦。从那时起到2016年9月25日 FAST 落成，二十多年间，他一直专注于这个璀璨梦想的实现，期待着中国也能够在宇宙探索、天文观测领域真正拥有自己的大国重器，从而取得自主创新的研究成果。正如他自己所说："美丽的宇宙太空以它的神秘和绚丽，召唤我们踏过平庸，进入它无垠的广袤。"对于南仁东来说，仰望星空、巡天铸梦，梦想的力量是人生中最伟大的力量！

南仁东出生于吉林辽源，从小学习成绩十分优异，中学时期就表现出对物理、天文学的浓厚兴趣。1963年他以吉林省理科状元考入清华大学无线电系，1968年毕业后分配到通化无线电厂工作。开模、冲压、钣金、电焊、电镀各个工种的工作，他都能拿得起、搞得通，善于动手、勤于钻研，几乎是个全才。他在工作中初露头角，显露出与众不同的好学、勤奋、执着、追求的特质。

1978年，南仁东考入中国科学院研究生院，导师王绶琯是我国著名天文学家、射电天文观测研究的开创者、天体物理学的主要奠基人。在这里，他开始了自己投身天文研究的学术之路，先后完成了硕士、博士阶段的学习。而从 1984 年起，他就开始使用国际甚长基线干涉测量（VLBI, Very Long Baseline Interferometry）对活动星系核进行观测，首次应用 VLBI 的“快照”模式，取得了丰富的天体观测成果，使我国在 20 世纪 80 年代就已经能够进行 VLBI 数据分析，其在相关方向的研究得到了国际同行的认可和赞誉。

在长时间的天文研究工作中，他迫切地感受到仪器设备对开展科研的关键支撑作用，而我国天文观测仪器设备与发达国家之间的巨大差距，也激发起他建造中国大型天文观测工具的大胆设想，这个梦想时时刻刻萦绕在他的心头！

1993 年国际无线电科学联盟大会召开期间，科学家们认为全球电波环境将持续恶化，因此，建议应当抓紧建造新一代大型射电望远镜，接收更多来自外太空的信号信息，推动天文观测研究的深入开展。出席会议的南仁东，闪电般地迸发出一个想法：“我们也建一个吧！”。

这个想法不仅代表着我国天文科学家的共同心声，也是南仁东长期从事天文观测研究、长久酝酿在心中的迫切愿望，犹如一个美丽而大胆的梦！

南仁东曾说过“人是要做一点事情的”，在天文研究领域的不甘人后、敢想敢为，造就了他中年时期已在天文研究领域成果、建树颇丰；而提出建造一台500米超大口径的射电望远镜，相对于当时国内射电望远镜最大口径仅为25米的现实，这一设想无疑像一个遥不可及的梦。可是谁也没有想到，就是这个梦，在此后二十多年间，让他的人生变得与众不同、灿烂辉煌！

（二）踏破铁鞋觅佳处

1994年，南仁东正式提出在我国贵州喀斯特地貌区建造大射电望远镜的建议。从那时起，他就开始了长达十余年搜寻、勘察FAST最佳建造地址的漫漫征程。

知易行难、千挑万选！要在贵州喀斯特地貌区找到一个适合500米口径射电望远镜建造的最佳地点，不经历千辛万苦、不实地仔细勘察，是选不出最佳建造地址的。选址，成为建造 FAST 的第一个重要前提！

之后十年间，南仁东踏遍了贵州上百个形形色色的大小洼地、窝凼，从乱石丛中踏出小路，在荒山野岭察勘地形，不仅要观察工程设施建设的基本条件，要求自然山地条件规整、符合 FAST 半球形反射面建造基本形状，而且还要在开工开挖土方少、节省成本、雨水排泄顺畅、岩溶地质稳定、边坡治理易行、电磁环境干净等诸多方面具备建造 FAST 的最佳选择需求。虽然贵州山区的洼地、窝凼广为遍布，但在符合 FAST 苛刻条件要求的最佳地址选择上，却仍然面临着许多未知数……

为此，南仁东在贵州喀斯特山区里一遍一遍地走访、勘察，犹如大海捞针一般，探寻着 FAST 的最佳定址之所。

他登高爬低、翻山越岭，栉风沐雨，寻觅佳处，无数次往返于北京和贵州之间，曾经随身携带过的卫星遥感图总计达到 300 多幅。他无数次摸爬滚打、峭壁险行，爬过七八十度的陡壁，也曾多次遇到过山洪、暴雨，在当地人都未曾到过的沟沟坎坎里勘察探索。大窝凼里留下了他带领团队探寻的足迹,也留下了他为FAST选址而付出的艰辛!

南仁东在勘察了300多个窝凼之后,经过仔细斟酌筛选,最终选定了平塘县克度镇的大窝凼作为FAST的最佳建造地址。这里的地形堪称“完美”，几百米的山洼地周围四面山体环绕，近乎一个大圆坑，该地水文状况也十分稳定,完全符合建造FAST的基本地形和综合条件。

踏破铁鞋觅佳处，十年寻址定乾坤!

经过长期考察、勘测、评估，最后选定克度镇的大窝凼作为FAST建造地址，这是对形态各异的窝凼进行仔细勘察对比之后做出的精心选择,也是南仁东沉浸在FAST建造之梦的热切渴求与执着信念中，以全身心投入勘察工作忘我情怀的缩影！他用丈量人生的脚步勘察了建造FAST可能实现的山头山沟、角角落落，为500米口径大型射电望远镜的诞生寻觅到一方沃土,使这个伟大的传奇之梦越来越清新、越来越真实!

（三）百炼始成钢

FAST定址之后，工程论证、立项建设、正式开工、难题攻克、施工推进、建造安装等一系列重大、重点、难点工作如潮水一般涌来，这个过程的艰难与复杂，远远超过了很多人能够想象到的程度！

1. 总工程师的使命

作为FAST的总工程师兼首席科学家，南仁东从选址开始，牵头项目的可行性研究论证，到1995年成立大射电望远镜推进委员会，主动参加国际会议推介项目，他像照顾在襁褓之中的新生儿一般，给予了FAST项目最为周全的呵护和照顾，更赋予了它茁壮成长的信心和力量！

在国际天文学术领域，他积极推介FAST项目，让更多的天文学家、科学家充分了解中国建造大型射电望远镜的真实想法；组织工程方案的学术研讨，分析建造方案的技术问题；加强项目建设的国际合作，扩大项目建设的国际影响……在以他为主的国家大射电望远镜推进委员会的努力下，越来越多的全球天文学家、科学家的目光逐渐被拟建在中国的FAST所深深吸引，FAST承载着国际学术界的殷殷厚望！

南仁东奔走在国内相关部委、大学、科研院所之间。他到西安电子科技大学、清华大学、哈尔滨工业大学、同济大学等高校，寻找技术研发合作；拜访中科院、国家发改委、贵州省等各个方面的领导，争取中科院创新资金项目支持。2001年获得了中科院立项支持，

图12　南仁东总工(右一)在西安电子科技大学机电所研讨

2007 年获得国家重大科技基础设施建设立项，2011 年正式开工。建设资金得到了基本保障，项目建设所产生的重要影响越来越广泛，其重大意义越来越为人所知，项目建设具备了越来越大的顺利实现希望！

在项目的组织管理实施推进中，他亲历亲为、不辞劳苦，从勘察、寻找建造地址时与当地群众友好相处打成一片，甚至个人出资为几十个贫困孩子提供上学资助……到土方开挖、圈梁搭建、索网生产装配、馈源舱升舱，历经数九寒天、三夏酷暑，从春到秋、日升月落，汗水和心血全情倾注到工程上。攻克技术难关、解决关键材料、突破建造瓶颈……总工程师兼首席科学家的神圣使命，付诸在工程建设的一点一滴中，落实在 FAST 工程构架的一钉一铆之中……

在他的精心呵护下，FAST 项目一步一步成形、落地。从一个大胆的建议、一个看似不可能完成的任务，直到这个“婴儿”诞生落地，从此不断茁壮成长，让人们看到了 FAST 美好的明天！

2. 精通工程的科学家

建造FAST, 是一个巨大的系统工程，不仅涉及天文学、力学、电子学、测量与控制技术、结构工程、岩土工程等众多不同的专业领域，而且在基础材料、关键技术、施工安装等方面也面临着前所未有的巨大难题。现场恶劣、复杂的自然环境，也对工程建设造成很大挑战，突发问题、隐藏的矛盾常常不期而遇。

南仁东扎实的学术基础、广泛的兴趣爱好、善于动手的实践能力、勤于学习的良好习惯，使他不仅精通射电天文的专业知识，也在工程建设上成为懂行的专家。工程建设伊始，他甚至对一个水窖的施工图提出更正的精确意见，被大家惊异地称为“通才”，而他自称为“战术型老工人”。在FAST建造过程中，更有数不清的结构设计、土木施工、材料性能、测量控制、驱动牵拉、馈源定位、面板安装等繁琐而复杂的工程建设问题、创新设计问题、结构部件问题、系统协同问题等等，都是必须要解决的重点问题，哪一个问题得不到顺利解决，都会影响到FAST整体的建造质量和使用水平。

严格严谨、亲力亲为、事无巨细、倾注心血，这是南仁东投入到FAST工程建设的真实写照。

FAST 由主动反射面系统、馈源支撑系统、测量与控制系统、接收机与终端及观测基地等部分组成。工程建设从台址开挖开始，在地形地貌勘探、工程地质考察、水文环境勘测、开挖土石方、排水通道设计等各个环节上，南仁东都要亲自把关、亲身参与。在十多年建设中，他跑遍了工程的角角落落，大窝凼的沟沟坎坎留下了他的足迹。周边乡村的老乡、孩子们听到过他和蔼的笑语，支撑塔的攀爬钢梯留下了他的汗水，馈源舱的首次升舱有他的身影，圈梁上的圆周钢架铭记着他的步履，他把自己生命最好的年华投入到FAST工程建造的每一平方米的工地上……

他是一个时常仰望星空、醉心天文研究的科学家，他是一名忘我工作投身建设的工程师。科学与工程，是他所倾心投入的人生事业，一旦投入、无怨无悔！

3. 半路杀出的“拦路虎”

工程建设中，最怕的就是突然出现“拦路虎”，意外事件往往成为考验建设者心智和毅力的巨大挑战！

2010 年，FAST 建造过程中，台址开挖已经开始，基础工程迫在眉睫，而由于购买的十多个厂家的钢索疲劳试验全部失败，索网疲劳的问题得不到有效解决，反射面的结构形式也迟迟定不下来，整个工程面临严峻挑战！

当时，FAST 对钢索的性能要求史无前例，国内外没有一家企业能够提供合格产品，全球索网标准的最高纪录只能达到 FAST 性能要求的一半，强度为 200 兆帕、200 万次弯曲，而 FAST 的要求为 500 兆帕、200 万次弯曲。因此，自主研制钢索成为唯一突破路径。

在随后长达 2 年的钢索研制过程中，南仁东废寝忘食、夜以继日，压力之大难以想象，他甚至冒出用弹簧作为弹性变形载体的想法，以解决钢索疲劳问题。他积极在材料、工艺上想办法、找路径，邀请南京、上海的十多家单位以及国外钢索结构专家一起攻关，带领团队与柳州欧维姆公司合作，最终啃下了索网疲劳问题这一"硬骨头"，在经历了近百次实验失败后，研制出世界上独一无二的FAST钢索索网，诞生了12项专利，解决了技术上的难题，其成果后来还成功地应用于港珠澳大桥建设工程中，增添了我国自主创新的又一亮点！

除了“索疲劳”问题，“拦路虎”还有连接馈源舱光缆随动弯曲的“动光缆”问题。FAST团队与北京邮电大学、武汉烽火通讯公司、北京康宁光缆公司合作，经过4年攻关，突破了10万次弯曲疲劳的研制难题，制造出48芯动光缆，最大程度降低了信号衰减，刷新了该项技术的世界纪录！

工程建设中的沟沟坎坎，恰恰是磨练人意志和耐力的关键，“为伊消得人憔悴，衣带渐宽终不悔”，学术研究上的追求、工程实践中的考验，成就了攻坚克难、披荆斩棘的科学创新精神和工程实践能力，让FAST的建造臻于完美！

4. 至臻至美的科学与艺术梦

科学的起源是猜想、质疑，人类因为有梦想，才推进了科技的进步、社会的发展；艺术的本质是创造，人类因为有了创造，才让梦想不断得以实现。

求学时胸怀梦想，成长中勇于实践。南仁东对宇宙的憧憬、对科学的追求，都化作毕其一生心血和精力建造FAST的无尽的动力源泉。敢梦敢为，不仅需要魄力和勇气，更需要付出和坚持！

南仁东本科毕业于清华大学无线电系。工作几年后，他报考了天文学研究生，朝着自己少年时就非常感兴趣的天文领域努力钻研，为自己想做的事业打好知识基础。1993 年，他在提出建设中国大射电望远镜的建议之前，已经在国内外射电天文领域颇有建树，首次应用VLBI"快照"模式取得了丰硕的天文研究成果。而正是对天文探索的极大热情、满怀理想、严谨细致和坚韧执着，促使他迸发了建造"中国天眼"的瑰丽梦想！

南仁东的梦想来自于对科学的追求、对艺术的爱好。他博学多才，不仅工科基础扎实、天文研究深厚，对工程建设的方方面面也善于虚心学习、动手实践，在艺术审美上也颇有兴趣。他业余时间擅长绘画，曾在荷兰靠画画赚取路费，而在日本国立天文台的大厅，至今还挂着他业余时间创作的油画《富士山》。对科学的严谨、对艺术的爱好，使他在建造FAST的过程中力求完美，不留瑕疵、不留遗憾。

南仁东常常说“科学与艺术是可以结合的”，他对FAST 工程的6个馈源支撑塔要求均匀分布、保持在标准的水平面上，具有高度统一的美感。在FAST施工中，一方面，是超大型的制造规模，圈梁周长1.6千米，近9000根钢索、4450块反射面面板，6个支撑塔高度平均100多米，制造难度、尺度前所未有；另一方面，是精确到毫米级的精度控制，完整精确的反射面安装、液压促动器的位置、钢索拉伸对反射面的精确变位控制，每一块反射面板制造精度达到1.5毫米的严苛要求，每一根钢缆的加工精度都控制在1毫米的精密制造，反射面弧度施工要求从10毫米、7毫米、3毫米到2.1毫米……制造的精细程度前所未有！正是在这样高标准的严格要求下，FAST的建造才有了世界一流、高水平的质量保障！

严谨的态度、奉献的精神、执着的毅力、铸梦的情怀，南仁东把全部的心血化成了建造FAST的无限热情，在一丝不苟、精益求精的建设过程中，为大国重器的顺利完工奉献了自己的智慧和生命！

（四）呕心沥血铸梦而成

毕生一个梦，倾心更深情！

建造FAST，是一个庞大的系统工程，从提出概念、可行性研究、立项建设、选址定址、工程启动到创新设计、技术突破、难题攻关、制造安装，乃至工程主体基本落成，春来秋尽、夏暑寒冬，这个梦耗费了南仁东太多的心血和精力。作为总工程师兼首席科学家，他承载着巨大的压力和不可言说的重负，二十多个春秋，他用自己的实际行动，践行了实现梦想的初心和承诺！

2016年9月，当FAST反射面单元面板吊装即将接近尾声时，南仁东已罹患肺癌，但他仍然坚持带病工作，亲眼见证了自己倾注了所有心血建造的巨大工程的落成使用，"中国天眼"让世界为之震惊！

2017 年 9 月 15 日，南仁东因病情恶化，经抢救无效离世，享年 72 岁。一双对宇宙苍穹充满无限探索憧憬的眼睛安详地闭上了，给世人留下了“中国天眼之父”传奇的逐梦人生！

十年磨一剑，毕生铸梦成！

南仁东将生命深深融入到对事业、对梦想的追求和实现中，以科学家朴素的情怀、激越的梦想、执著的精神、探索的意志，诠释了“时代楷模”的特有内涵。

2016 年，他获得“中国科学年度新闻人物”“CCTV 2016 年度科技创新人物”称号。

2017 年，他获得全国创新争先奖，入选中国科学院院士增选初步候选人。逝世后，被中宣部追授为“时代楷模”荣誉称号。

2018 年 10 月 15 日，中国科学院国家天文台宣布，经国际天文学联合会小天体命名委员会批准，将 1998 年发现的国际永久编号为“79694”的小行星命名为“南仁东星”。

2018 年 12 月 18 日，在全国庆祝改革开放 40 周年大会上，党中央、国务院表彰了 100 名改革开放先锋人物，南仁东位列其中，被赞誉为“中国天眼”的主要发起者和奠基人。

毕生一梦造重器，他不仅想到了，而且真的做到了！

四

创新设计出妙想

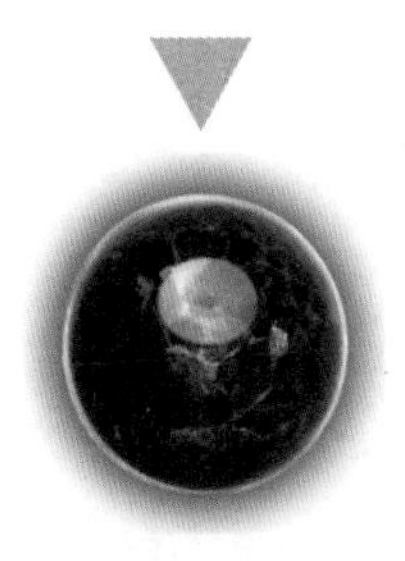

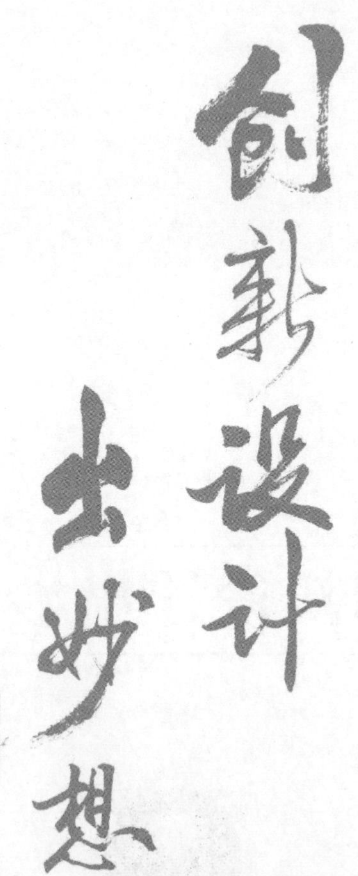

创新设计
出妙想

设计是工程建造的前提，好的设计是一项工程的灵魂。工程建造的水平、质量从创新设计的第一步就已经开始。在 FAST 的建造历程中，创新设计发挥了至关重要的作用。

2017 年 11 月，中国创新设计产业战略联盟和中国工程科技知识中心、中国机械工程学会，将这一年的“中国好设计”金奖，授予了“500 米口径射电望远镜柔性并联索驱动系统技术及装备”项目，即 FAST 光机电一体化设计方案，获奖单位是“西安电子科技大学”。

FAST 的创新设计方案，被誉为 FAST 的三大自主创新之一，正是其独具特色的原创性设计，打动了“中国好设计”奖的各位评委们。而这一项目的带头人，就是我国电子机械领域的著名专家、西安电子科技大学教授、中国工程院院士段宝岩。

（一）时代风潮下的“读书郎”

1955年，段宝岩出生于河北冀县。1972年，他开始读高中。那个特殊的时代背景与环境，注定了这一代人的命运是跌宕起伏的。

1973年年底，在轰轰烈烈的“上山下乡”运动中，段宝岩高中毕业。之后，他参与过修建水利工程、测量土方，当过司务长、负责后勤工作。1975年他回到母校北漳淮中学教书，主讲物理、兼代体育，还曾当过中学副校长。

1977年，22岁的段宝岩从广播里听到恢复高考的消息时，激动得彻夜不眠！那年年底参加高考时，他冒着雨夹雪、骑着自行车赶赴20多里外的考场，开始了人生一次重要的赶考。第二年高考结果出来，他被西北电讯工程学院（原“西军电”，现西安电子科技大学）顺利录取。

在西北电讯工程学院，他就读于电子机械专业，这是一个交叉学科，主要研究电子系统的机械结构问题。

读完了本科、硕士，1984 年他毕业后留校任教，随后师从我国著名的天线结构专家叶尚辉教授攻读博士学位。至此，他与天线结构设计结下了不解之缘，开始走向一条与未来进行 FAST 创新设计同向的人生道路。

叶尚辉教授 1950 年毕业于清华大学机械工程系，他创建了我国第一个“7 分机 3 分电”、机电结合的专业——无线电设备结构设计与工艺，在国内首次提出机电一体化思想。叶尚辉教授曾主持设计我国第一部瞄准世界先进水平的 15 米口径毫米波射电望远镜，在电子机械领域享有崇高声誉。

1988 年，段宝岩顺利获得博士学位。1991 年，受国家教委公派，段宝岩前往英国利物浦大学做博士后研究，师从国际著名工程结构优化专家汤普曼教授。学习期间，段宝岩挑选了将极大熵原理应用于工程结构拓扑优化设计这一最难、也最有意义的课题作为主攻方向，提出了“应变能密度分布函数”这一新概念，巧妙地将极大熵理论与结构拓扑优化联系在一起，这一成果在国际力学界产生了积极影响。

（二）惊世骇俗的“天眼”设计

1994 年 11 月，段宝岩回到母校工作不久，就遇到了我国建造新一代大射电望远镜的重大机遇！这就是南仁东研究员在 1993 年国际无线电大会上提出的建造“中国天眼”的设想，而南仁东与段宝岩后来持续 20 多年的合作，也是从这个时候正式开始的。

1. 闪光的“奇思妙想”——光机电一体化设计

我国建造单口径射电望远镜，有两种方案可选：一种是全可动抛物面天线，如美国绿岸射电望远镜（Green Bank Telescope），口径 100 米×110 米，重 7700 吨。但若“中国天眼”采用此方案，会因 500 米口径过大、重力因素超过工程极限而无法实施。另一种是主反射面不动、馈源运动的球反射面，如美国阿雷西博望远镜（Arecibo Radio Telescope），口径 305 米，支撑馈源的悬空背架重达 1000 吨。若采用此方案也会有三个难题：一是工程造价太高；二是纯机械跟踪控制系统的精度低；三是工程难度大，500 米口径悬空背架的重量理论上将近万吨，工程实施的难度极大，必须重新进行创新设计。

1995 年 10 月，在贵州召开的我国大型望远镜工作组第三次国际会议上，段宝岩首次提出了 500 米口径球面射电望远镜馈源支撑与指向跟踪系统的光机电一体化创新设计方案。设计方案的核心，是将原阿雷西博望远镜中用于支撑线馈源的重达 1000 吨的钢结构，用计算机伺服系统控制的 6 根大跨度柔索取代；同时，布置 3 台激光测距仪实时获取馈源实际位姿，通过 6 索进行长度自动调整，将馈源调回到电性能所允许的误差范围之内，从而获得精准观测的结构与性能要求。

该方案与美国 Arecibo 射电望远镜相比，不仅使 500 米望远镜馈源及支撑系统的自重由万吨降至 30 吨，造价降低 1 ~ 2 个量级，而且跟踪精度可同时得到提高。这一创新方案以光机电一体化设计代替了传统的纯机械技术，以软件代替硬件，结构形式大大简化，降低了工程造价，使建造大射电望远镜的梦想成为可能！

当时，北京天文台称该方案为“极富新意的馈源支撑设想”。南仁东研究员指出：段宝岩同志向大会提交的光机电一体化设想被国际大射电望远镜委员会主席劳勃特·布朗博士评价为“breakthrough innovation（大胆革新）”。德国 Effelsberg 100 米天线总设计师 S. von Hoener 称其为“good new LT ideas，very impressing”。2016 年最后建成的 FAST，馈源部分直接采用了这一创新设计方案。

1995 年贵州会议之后，段宝岩应邀担任了由南仁东研究员为主任的中国大射电望远镜推进委员会委员并兼任馈源无平台支撑研究组组长，带领西电团队致力于关键技术突破，为实现 FAST 最具创新设计的关键核心技术开展攻关研究。

2. 精细的“绣花针”技术——毫米级馈源动态定位精度

创新设计方案中，段宝岩团队首次将动态悬索应用于望远镜馈源的结构支撑设计，解决了工程实施和造价问题，但因舱索结构具有非线性、大滞后、大惯性和弱刚度等特性，且难免受到风荷等干扰，仅靠悬索控制很难达到毫米级动态定位精度。如何突破这一关键技术，对工程控制提出了更高要求，成为更大挑战！

为此，段宝岩团队又提出了粗、精两级调节来实现馈源高精度动态定位、定姿的设想。首先，通过6根大跨度悬索对馈源舱实现粗调节；其次，再通过安装在馈源舱内的 Stewart 平台实现精调节，该平台上分布了多个不同频段的馈源，在提高定位精度的同时，还可实现多波段观测。突破这一难题，在理论上属于并联机构学范畴，当时国际上的研究尚在探索阶段，无系统理论与方法。

段宝岩以在英国留学期间所积累的天线结构设计知识为基础，带领团队在研究中首次提出“并联宏–微”机器人概念，在理论上建立了逆运动学模型，并通过实验进行了初步验证。简言之，就是将6根悬索驱动的馈源舱作为一个柔性并联机构，而精调 Stewart 平台作为一个刚性并联结构，一大一小、一柔一刚两个并联系统构成“并联宏–微”机器人系统。宏系统为6根悬索驱动的馈源舱，完成馈源大范围跟踪，保证误差在50厘米以内；微系统为6自由度的 Stewart 平台，实现馈源精确定位，精度达到4毫米，两个系统共同完成对馈源的精准定位任务。

研究中，西安电子科技大学团队先后解决了粗精两级动力学耦合与复合控制、高精度动态激光检测、大跨度柔性延迟索系结构建模与求解、风致颤振以及齿隙、摩擦等控制影响难题，克服了舱索对增益、副瓣电平等电性能影响，风荷干扰下悬索对馈源舱可控精度及稳定性影响等重要干扰，设计了悬索阻尼耗散能量、降低振幅的装置，实现了创新方案关键理论与技术研制的重要突破，为实现巨大口径射电望远镜的馈源精确定位、细微精准控制打下了坚实的理论和技术基础。

3. 锋利的“真刀实枪”——攻克难关的三个验证模型

创新设计是重要前提，但仅进行模拟仿真还远远不够，所有模型、理论、方法都必须通过实际模型进行验证，为工程化提供技术基础，为工程建造提供坚强保障。

从1995年提出设计方案后，段宝岩团队于2000年、2002年和2008年，先后在西安电子科技大学搭建了一个 5 米、两个 50 米的缩比验证模型。

第一个模型得到国家自然科学基金的支持，团队搭建了一个 1∶100 比例的 5 米室内模型，验证基本理论和控制系统相关技术，如 6 根并联悬索空间动态定位方案验证，动态跟踪定位误差达到厘米级。

第二个模型得到中国科学院知识创新工程重大项目的支持，在位于西安市南郊的沙井村，搭建了一个 1∶10 比例的 50 米室外模型。验证了各种假设运动情况下系统良好的理论控制轨迹，跟踪误差在 40 毫米以内，动平台中心位置跟踪误差在 10 毫米以内，精调 Stewart 平台的误差缩小功能明显。

第三个模型在西安电子科技大学南校区，建造了 1∶10 比例的 50 米等比实验模型，塔、索、馈源舱、精调 Stewart 平台等全部为自主设计建造。通过实验，验证了馈源支撑系统的粗、精二级调整设计方案，精调平台能实现 3 毫米的定位精度、0.06 角度的指向精度。此外，还制作了包括 A/B 轴的舱索、Stewart 平台实验装置等，并进行了大量实验验证。

图 13　在西安电子科技大学搭建了 3 个 FAST 模型

在模型验证的十余年时间里，该团队始终坚定如一、坚持反复实验，验证了设计中独立控制策略、粗精调控制算法、轨迹规划策略、轨迹跟踪控制等众多设计理论与建造的关键技术，为 FAST 工程建设做出了应有的贡献。

图 14　南仁东总工带领专家组在西安电子科技大学考察 FAST 50m 模型

（三）小学科里藏着大学问——电子装备机电耦合

FAST 设计方案，是段宝岩团队在光机电一体化设计上的一个重大突破。此方向的理论与技术研究，属于电子机械交叉学科领域，主要解决高频段、高增益、高密度、小型化、快响应、高指向精度方向等高性能电子装备制造的机电耦合设计等核心问题。长期以来，该团队在这一方向上辛勤耕耘，其研究成果已经应用于嫦娥探月、神舟飞船、主力战舰、深空探测等国家重大工程中，可谓“小学科里藏着大学问”！

电子装备的设计与制造，传统的机电分离设计存在很大的盲目性和矛盾。一方面根据电性能要求，对结构设计的精度指标要求过高，导致工程上无法实现；另一方面即使精度指标达到了，有时电性能却依然无法满足。为破解这一矛盾，该团队将传统设计单独进行的两方面有机结合，在电磁场和位移场的结合部，研究微波反射面天线的机电耦合问题，建立了电磁场与结构位移场的场耦合理论模型。

同时，在研究机电耦合问题过程中，该团队结合雷达天线伺服系统工作“稳”“准”“快”的新要求，开展伺服系统结构与控制集成设计研究，提出了结构与控制集成设计的理论与方法,解决了同时实现结构高刚度与轻量化、控制“稳”“准”“快”的难题。

此外,随着研究的深入,针对航空航天电子装备中高密度机箱和组装系统设计从二维向三维发展的需求,该团队综合考虑电磁场、结构位移场、温度场三场耦合,提出了旨在解决这一关键基础科学问题的国家973项目并获得批准。经过艰苦研究,团队建立了针对典型电子装备的电磁场、结构位移场与温度场的场耦合理论模型,同时得出了机械结构因素对电性能的影响机理。在项目结题验收时,得到了总装备部科技委的高度评价。

经过三十多年孜孜以求,段宝岩团队以FAST的创新设计为契机,面对电子装备机电耦合研究方向,破解了三大工程科学难题:

一是系统建立了大型天线电磁场与结构位移场的场耦合理论模型,提出了反射面保型的系统优化设计方法;

二是针对机械结构因素对雷达天线波束指向精度等电性能的影响,提出了结构与控制集成设计的理论与方法;

三是建立了平板裂缝天线、有源相控阵天线、高密度机箱机柜等典型电子装备的电磁场、结构位移场与温度场的场耦合理论模型。

至此，该团队成为我国高性能电子装备机电耦合研究领域的领先团队，并不断将研究成果应用于新的重大工程项目建设挑战中。如我国新疆110米口径全可动射电望远镜（QTT），它建成后将成为继美国100米×110米GBT(Green Bank Telescope)、德国100米口径Effelsberg射电望远镜之后全球口径最大的全向可转动射电望远镜，其天线重量将达6000余吨，高度超过35层楼，口面面积约为23个篮球场大，面形精度0.3毫米，指向精度2.5角秒。QTT将突破天线精密设计制造、高精度定位与测量、大尺度结构工程等关键技术。目前，该团队正全面致力于研究解决QTT建造中的理论与关键技术，再创新纪录！

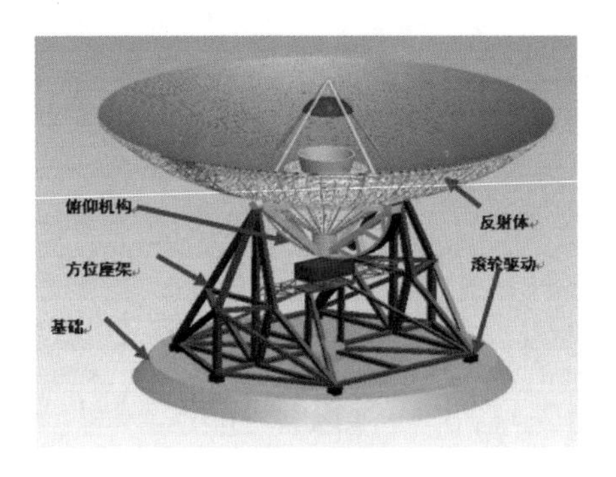

图15　我国在建的新疆110米QTT结构示意图

作为团队带头人，段宝岩由于在电子机械方面的杰出贡献，2011年当选为中国工程院院士，2012年获得中国香港何梁何利科技成果奖，2018年被授予亚洲结构与多学科优化终身成就奖。

（四）望向苍穹再"逐日"——"空间太阳能电站"

实现FAST工程先进设计，突破电子装备机电耦合理论技术，在电子机械小学科里成就大学问，段宝岩团队没有满足于已经取得的成绩，而是把奋进的目标瞄准了更前沿、更困难的方向！

2013年底，段宝岩、杨士中两位院士写信给习近平总书记，提出加快发展我国空间太阳能电站的研究建议，得到总书记及其他中央领导的高度重视。2018年12月23日，以"逐日工程"命名的我国"空间太阳能电站系统项目"正式启动！

空间太阳能电站的概念是1968年美国格拉赛博士提出的，迄今美国、俄罗斯、日本等国已投入大量经费加强研究，其被称为航天、能源领域的“曼哈顿工程”。

空间太阳能电站，是将地球静止同步轨道上的太阳能，通过新的工程技术手段有效采集、转换为直流电与射频能量后，再由微波天线无线传输到地面或空间设备，接收后转换成直流电使用的发电系统，主要由太阳能聚光分系统、光电转换分系统、微波无线能量传输分系统（包括直流到微波转换与发射、地面接收和转换）三大部分组成。其技术难点是发射天线总辐射功率大、波束指向精度高，故而天线阵列的物理口径都是千米量级的，如此巨型尺度、超大功率的空间天线设计面临巨大的技术挑战！

2014 年 9 月，中国工程院在西安举行第二届“空间信息技术与应用展望”论坛，段宝岩团队提出了一种空间太阳能收集与发射天线的创新设计方案。

该方案针对美国NASA支持的新型任意相控阵空间太阳能电站（SSPS−ALPHA 方案），自主提出“球面—线馈源”太阳能收集系统，极大地降低了系统调整难度；采用球形聚光器设计，开展光伏电池阵的等光强设计，可实现目标区域连续、稳定输能并减重约三分之一；实现光伏电池阵列与发射天线系统分离，创新使用无线耦合传输技术，提高电力传输效率，降低系统质量，避免瞬时电流过大、寿命短、可靠性低等问题。

总体看，“球面一线馈源”太阳能收集系统明显突破提升了两个关键指标参数：一可使太阳能收集系统功率质量比提升约30%，二可使空间散热面积提高约25%。这一改进方案，最终被命名为SSPS－OMEGA方案，引起与会院士、专家高度关注。

2017年11月，在中国航天科技集团公司五院科技委主办的全国第二届空间太阳能电站发展技术研讨会上，段宝岩团队提出的OMEGA方案有望成为中国未来建造空间太阳能电站的备选方案。

2018年12月23日，命名为“逐日工程”的“空间太阳能电站系统项目”启动，空间太阳能电站中国推进委员会同时成立。同时，旨在推动空间太阳能电站研究的“空间太阳能电站系统”陕西省重点实验室、西安电子科技大学“空间太阳能电站系统”交叉研究中心正式揭牌。全球首个全系统、全链路的空间太阳能电站地面演示验证系统中心即将落地西安。

仰望星空梦想无限，夸父逐日烁烁光华！

以《夸父逐日》神话传说故事命名的“逐日工程”，被赋予了建设前沿“空间太阳能电站”的美好期望，寓示着空间太阳能电站系统项目将走向太空、造福人类。

创新设计带来的火花，将点亮更大的宇宙空间！

五

中国创造风云起

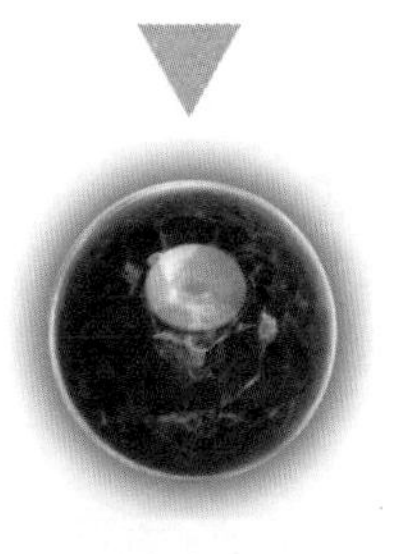

巡天探看望苍穹

——中国天眼“FAST”建造侧记

（一）制造是立国之本

劳动创造了人类，制造推进了文明，制造是立国之本！

制造是人类最基本的劳动方式之一，是发明、创造出工具、装备、产品等生产力关键要素的过程。制造的实质，即对原材料进行加工、改造，对零部件进行组装、装配，从而生产加工出各种生产、生活所必需的产品和工具。

制造使人类社会摆脱了原始社会茹毛饮血的危险生存状态，改变了农耕时代手动劳作的艰辛生活，而通过近现代大规模的工业制造，又进一步极大丰富了社会生产的工具、装备和产品，从而使人类的肢体得以延伸，生活得以丰富，文明得以进步，探索和改造自然的能力得到不断提高。工业制造代表着现代社会制造发展的先进水平，在人类现代文明的历史进程中发挥着支柱作用，是一个国家主体经济和综合实力的重要体现。有了工业制造，才有了人类真正意义上的现代科技和工业文明！有了强大的制造实力与能力，才有了国家强盛的必备条件！

现代工业制造与科技文明的发展一脉相承、紧密关联，历史上每一次科学发现、技术发明，都会带来工业制造的颠覆式革命。从机械化、电气化到自动化、智能化，工业 4.0 的历史进程书写了工业制造的代际革命，推动了工业产业的变革、颠覆、跃迁。蒸汽机、纺织机的发明，带来了第一次工业革命的蓬勃兴起，大规模生产、高效率制造，为生产资料、工具及用品的极大丰富做出了重要的历史贡献，开辟了工业文明的先河；发电机、内燃机的发明，揭开了第二次工业革命的帷幕，强大的动力能源注入到工业制造的广泛领域，使机械化时代插上了飞翔的翅膀，人类的探索之路伸向了更为广阔的领域、踏上了更加深远的征程；而计算机、互联网的诞生与普及，推动了数字化、自动化、信息化时代的发展，知识经济涌现，信息、网络、计算、数据……让制造更加高效、节能、便捷、精准；如今的智能制造、人工智能，则将再次创造工业制造不同凡响的新纪元，信息物理系统（Cyber-Physical System）、智能车间、智能工厂、工业互联网、大数据、云计算、3D 打印、生物制造等面向未来的制造，将呈现出超乎想象的发展趋势，数字化、网络化、智能化……人类为探索未知而付出的努力、诞生的智慧、创新的发明，必将越来越丰富并且无比神奇！

国家强盛依赖于先进制造业的发展，制造强国是历史演变的必然趋势。纵观近现代世界历史上的五次科学与技术革命及四次工业革命，无不与探索发现、先进制造、工业发展紧密相关。

16 世纪初西班牙、葡萄牙的造船业鼎盛，哥伦布发现新大陆、麦哲伦实现环球旅行，探索地球成为人类对自身生活家园的一次跋涉旅行；18 世纪中后期，蒸汽机、纺织机发明，第一次工业革命爆发，煤炭、冶金、运输等行业迅猛发展，英国崛起；19 世纪中后期，发电机、内燃机发明，第二次工业革命开始，钢铁、石化、汽车、飞机等现代制造蓬勃兴起，德国、日本、美国等制造强国崛起；到20世纪中后期，计算机、互联网发明，第三次工业革命蓬勃发展，电子信息技术与产业的发展推进了人类信息时代、知识经济的前进步伐，世界进入到后工业化的发展时代，美国成为头号制造强国。

谁占据了先进制造的前沿，谁就会获得产业强大和国力鼎盛的先机，就会在历史的舞台上展露时代的风采！

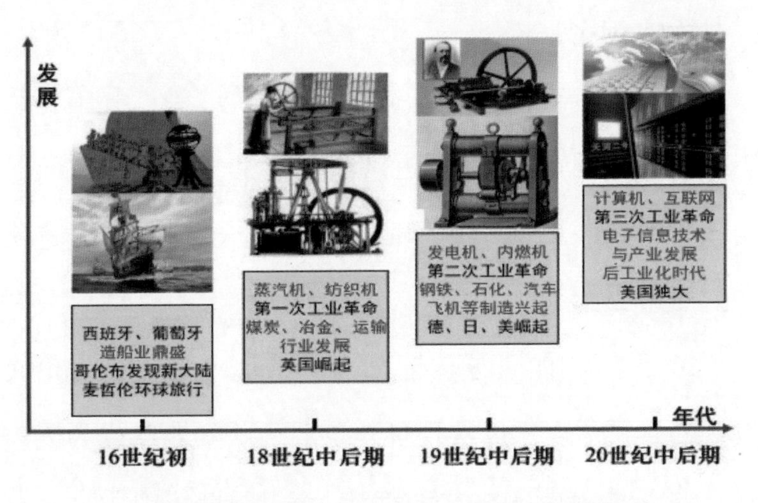

图16 全球工业革命主要发展历程示意图

（二）从中国制造走向中国创造

中国制造历史久远，从石器时代简陋的捕猎、生活用具，到封建社会日益制造精良的冷兵器、运输工具、农具以及精美的陶器、玉器、木器、生活用具等，无不留下了精美制造的硕果结晶。无论是闻名世界的“四大发明”，还是积淀沧桑的北京故宫等历史建筑、瓷器、瓦当、木雕等用具，都蕴含着制造的原始创新、劳动的创造思想，产生了一流工艺、杰出工匠，是中华文明源远流长、广为传播的主要因素之一。

而同时，更不乏像鲁班、张衡、蔡伦、毕昇等创造者、发明者，代代迭出的名人名家，以及更多默默无闻的技艺大师、能工巧匠，缔造了中国传统制造历史上的辉煌。制造，从来都离不开中国人勤劳朴实、智慧广博、坚忍不拔、精深睿智的丰富内涵与创造精神！

1. 工业文明兴盛与“李约瑟难题”

现代工业文明源起于西方，工业革命从英国、德国到美国，经历了时代的更迭，也带动了当今世界制造强国的崛起与兴盛。英国是老牌的工业化国家，从第一次工业革命迄今，已经历了两个多世纪的发展，奠定了工业化的坚实基础，走过了工业制造的历史巅峰；德国在第二次工业革命中异军突起，缔造了工业制造的精良品质和卓越口碑，工业化道路波澜壮阔，拥有世界一流的机器设备和装备制造业；美国实现工业化大约经历了100多年的时间，引领了信息时代和知识经济的主流，计算机、微电子、网络、软件等信息技术发展超前，信息技术与制造技术的紧密融合有力地推动了先进制造业的迅猛发展；日本自20世纪60年代前后，重点发展精密制造，集成电路、机器人、智能制造等突飞猛进，成为当今世界制造强国行列中的一员。

从制造强国的历史发展演变看，工业化是一条必经之路，而工业化与信息化的深度融合，则代表了工业制造发展的前沿趋势，未来的先进制造，必将在数字化、网络化、智能化的方向上百尺竿头、更进一步！

发明、创造是创新的源头，工业制造则使发明、创造得到应用、推广和普及。工业化最显著的特点就是分工，现代工业需要细致的分工、协作，才能推动工具、产品的大规模生产制造。

中国两千年漫长的封建社会创造了传统封建文明，

但也严重限制了现代工业文明的诞生和发展，正如著名的“李约瑟难题”提出的疑问，为什么中国古代对人类科技发展做出了众多重要的历史贡献，而近代科技产业应用创新与世界工业革命却始终没有在中国发生，致使中国与现代的工业文明失之交臂？

在西方工业文明诞生兴盛与“李约瑟难题”之间强烈的对比之下，可以看出农耕文明与工业文明之间巨大的差异性，封闭、自足的生产制造与开放、交流的工业制造之间强烈的历史脉络对照。工业化是社会形态演进中必经的一个过程，工业制造是工业化进程中强大的主战场，是国家强盛的必由之路！

2. 中国制造走向世界

中华人民共和国成立后，我国的工业制造白手起家，在一片贫瘠之上缔造起一个蓬勃发展的工业制造体系，用勤劳和智慧谱写了一部自力更生、艰苦奋斗的自主发展史。从“两弹一星”、长江三峡工程、“东方红1号”人造卫星，到轧钢机、大型水轮发电机再到核动力潜艇、战略战术导弹、歼击机、轰炸机、高端电子装备及元器件等，逐渐走出了一条从学习借鉴、模仿跟踪到自主创新、自主制造的发展之路。

中国制造，从一开始就彰显出一种独具特色的创造精神和创新品质，从无到有、从小到大、从弱到强、从中低端走向高端，迎难而上、自主自强，工业制造的发展一步一步走出羸弱困境，走近科技前沿，走向国际大舞台！

改革开放40年，中国高铁、家电、桥梁、水电、卫星、探月工程、北斗导航、载人航天、载人深潜、超级计算机、国产航母、大飞机、大型先进压水堆和高温气冷堆核电、掘进设备等大型制造中的高端制造取得了令人鼓舞、令世界瞩目的进展。中国制造以大大超过制造强国工业化进程预期的速度，带给全世界越来越多的惊叹和欣喜，一跃成为全球制造大国，工业体系逐步完备，产业规模不断发展壮大，在全球制造业格局中占有了重要的一席之地，并不断向高端制造领域稳步迈进！

例如，截至 2019 年我国高铁营业总里程近 3 万公里，规模居世界第一；家电制造规模和质量全球领先，在自主芯片、智能制造上不断取得进展；桥梁、水电设施建设领跑全球；超级计算机“天河二号”、神威·太湖之光连续多年超算排名世界第一；“神舟”航天载人飞船、“蛟龙”载人深潜、北斗导航卫星组网、“嫦娥探月”工程、高分对地观测等实现重大进展；东风 17 导弹、歼 20 战斗机、运 20 大飞机、第一艘“山东号”国产航母以及 C919 客机、核电“华龙一号”、掘进装备、龙门 5 轴机床、特高压输变电设备等军事重器装备、民用大型装备悉数制造诞生。中国制造正以令全球瞩目的大步跨越趋势走近世界制造舞台的中心。蓬勃兴起的工业制造，以机械化、电气化为基础，着力向自动化、智能化大步迈进，制造强国已成为振兴实体经济、

图 17　中国制造取得的显著进展

工业发展的主动脉，在工业化与信息化深度融合的进程中，发挥着重大引领作用，将成为我国新时代工业崛起的核心支撑！

3. 自主创造蓬勃崛起

从制造走向创造，中国目前在基础科学研究、高新技术科研、高端装备制造研制等方面，持续增强自主创新能力，中国创造的崭新元素不断涌现，自主创造正在蓬勃崛起！

我国的基础科学前沿研究，在材料、化学、物理、生物等领域不断实现新突破，自主创新能力逐渐提升，增强了中国制造的实力和潜力。例如，超导材料研究上，铁基超导机理的研究达到国际最高转变温度，为通讯设备、医疗装备、电力装备等的创新应用打开了前行之路；量子反常霍尔效应、多光子纠缠、中微子振荡，为电子器件的前沿制造、量子通信试验、暗物质探测开辟了前进道路；悟空、墨子、慧眼等科学实验卫星的发射，在宇宙探索、天体物理学发现、时域天文学研究、引力波探测等方面将开展更为深入的探测、实验、发现；干细胞、体细胞克隆技术取得原创性突破，合成生物学、再生医学孕育新发展；多学科交叉融合呈现新趋势，有望在信息、能源、生命等诸多领域获得重大进展！

在高新技术研究上，下一代信息技术、6G 移动通信、IPv6、网络信息安全、区块链技术、类脑计算、量子计算、人工智能芯片、机器深度学习、虚拟/增强现实技术、高级智能机器人、3D/4D 打印、人类增强技术等层出不穷、前沿迭起，抢占发展先机，加快顶层布局。我国对于颠覆性前沿技术的重视日益提升，在前沿技术领域的研究不断推进，有助于尽早在未来的先进制造、数字化、网络化、智能化制造的激烈竞争中占据先发优势。

在高端装备制造研制上，我国的高档数控机床、航空发动机、大型汽轮机、核电装备、海洋工程与高技术船舶、动力与交通装备、高端医疗仪器设备、新能源装备等，正从先进设计、基础材料、关键基础件、核心部件、测试与控制、制造装备等多方面开展自主研制，增强核心竞争力，打破发达国家长期垄断高端装备制造的不利局面，提升自主核心制造能力，开辟中国创造的新局面！

当代工业制造迅猛发展，大型制造、极端制造、离散制造、柔性制造等层出不穷，中国从制造大国逐步走向制造强国，离不开中国创造的基本因素支撑，集成并创新、开拓以发展，是推动中国制造向中国创造不断迈进的主要动力！

（三）"大工程"书写"大手笔"

制造的领域十分宽广，工业制造无处不在，既有面向生产、生活领域的广泛制造，也有面向装备、工具的专门制造，更有面向重大工程的巨系统制造。

在我国工程制造历史上，古代如长城、都江堰、大运河等重大工程的建造，建国后如"两弹一星"、三峡工程等，都是大工程制造的典型代表。通过实施大工程制造，能有效带动与制造紧密关联的技术创新、材料应用、设计突破、工艺提升、产业发展，对于提升制造的能力与水平具有重要作用！

科学重在探索真理、发现规律，构建起知识体系，解决“是什么、为什么”的问题；而技术重在发明、实现突破，创造出不同以往的新方法、新工艺，解决“怎么办”的问题；工程则是创造出实际生产力，集成科学原理与知识、运用技术手段和方法，实现制造的最终目标和直接成果，创造出“从无到有”的工程实践价值。制造与科学、技术、工程紧密关联，大工程制造中往往包含着重要的工程科学问题、关键技术应用、项目组织管理、综合协调统筹等复杂问题与矛盾。解决好大工程制造问题，能够为科学、技术与工程的系统应用提供很好的创新平台，堪称用“大工程”书写出的“大手笔”，FAST 的建造就是这样一个典型例子。也只有当国家综合制造实力达到了一定程度之后，这样的“大工程”才能够脱颖而出、震惊世界！

FAST 从提出概念、总体设计、项目论证到立项批复、选址定址、项目开工、工程开挖、模型验证、材料研制、安装组装以及初步试调运行等，经历了一道又一道的复杂环节、漫长过程。其中不仅凝聚了一流天文学家、机电结构专家、材料学家、电磁学家、优秀工程师、卓越工匠等众多设计者、建造者、管理者的心血和汗水，更是以前所未有的口径规模、建造难度、精准精度、测控水平等宏阔雄大的气魄与精益求精的执着，书写了我国大工程建设史上的一个奇迹，代表着我国大工程建设自主设计、自主制造、自主攻坚里程碑式的重大突破，是制造强国历史进程中一个凝聚的缩影！

（四）协同之力鼎国器

大工程建设中，最重要的因素是协同，最核心的因素是凝聚，大国重器的建造是集体力量的结晶！

建造 FAST，离不开顶尖的科学家、工程师，也离不开勤奋的研究团队、科研骨干，更离不开一大批能工巧匠、技术工人。一项大工程，恰恰是众多群体朝着一个共同的目标集体攻坚克难的辛劳结晶。

建造 FAST，汇聚了一流的行业专家！

吴盛殷、陈宏升等老一辈专家，南仁东总工程师兼首席科学家，聂跃平选址组团队，段宝岩院士设计团队，中科院 FAST 项目组诸多科研骨干、博士生，以及参与 FAST 设计、建造、项目管理的科研院所、大学、企业的策划者、组织者，FAST 汇集了天文学、电子机械、材料学、计算机技术、测量与控制、地质学、工程管理学等多个领域的院士专家。彭勃、聂跃平、王启明、李菂、景奉水、朱丽春、朱博勤、张蜀新、甘恒谦、潘高峰、姜鹏……还有许多在 FAST 项目研究建造中默默参与、无私奉献的专家学者们，包括中科院国家天文台、中科院遥感应用研究所、贵州省无线电管理局、西安电子科技大学、清华大学、北京理工大学、同济大学、哈工大等知名大学、研究院所单位的教授、高工等，是这样一支有形又无形的一流专家人才队伍，孕育、支撑着 FAST 工程 20 多年间从无到有、从小变大、从粗到细、从零到整、从梦想到实现、从蓝图到实体的设计与建造。

建造 FAST，集萃了众多的骨干企业！

工程建设中，中科院 FAST 项目组牵头，中国电子科技集团公司第五十四研究所、中国中元国际工程有限公司、江苏沪宁钢机股份有限公司、柳州欧维姆机械股份有限公司、中铁十一局集团有限公司等众多骨干企业参建。这些企业为FAST的顺利建成付出了大量的精力、人力、物力，解决了不少工程建设上的实际难题，创造了许多具有自主知识产权的专利。例如，仅索网结构及材料上获得的自主创新性专利就有12项，在钢索材料攻关、索网安装、馈源舱设计大幅减重及实现毫米级动态定位精度等关键设计和建造技术上，实现了众多的自主创新！

建造FAST，锤炼了卓越的工匠精神！

工程建设的终端，需要大批具有高技艺水准的工匠，而锤炼卓越的工匠精神，是实现大工程建设质量与水平的根本。从台址开挖的勘察、监理、设计、施工，到高危边坡治理、排水系统建设修正，从圈梁地基建设、环形圈梁焊接到材料部件运输、圈梁高空滑移，从索网构件研制、索网高空拼装到反射面单元研发、反射面拼接吊装，从馈源支撑体系建设到馈源舱拖动升舱，数以万计的一个个环节、一个个步骤、一个个细节之中，隐藏着不可知的技术难关。在FAST建设中，一方面是 500 米口径巨大规模的工程建设尺度，另一方面是天文观测精细到毫米级的精度要求，这些都对工程工艺的实现、突破提出了既苛刻又矛盾的问题。而正是在这样悖论式的煎熬中，参与建设的技术工人得到了艰苦历练。最终，FAST 近乎完美的工程实现，以有力的事实证明了中国制造的工程质量和工匠水平，而工程建设背后的那些点点滴滴的细枝末节，只有亲身经历者才能真正体会，只有付出智慧和心血的工匠们才能真正领悟，背后的故事丰富多彩、述之不尽……

六

强国造器路犹长

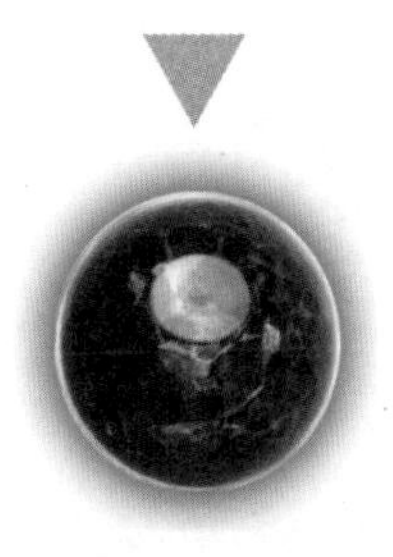

强国造器
路犹长

（一）重器鼎立强国梦

恩格斯说“劳动创造了人本身”。人类从动物界进化到具有高级智慧思维和改造自然能力的社会群体，发明和制造工具，是其中一个最重要的环节。制造，是社会劳动中最基本、最核心的形式之一，也是推动社会文明不断向前演进的原初动力。

人类在工具、装备制造的发展进程中，首先，是好奇心、求知欲的牵引，激发了探索未知、探秘自然和宇宙的追求，开始了逐步改造自然的劳动实践；而工具则帮助人类延伸了自己的手脚，实现了对自然界的改造，丰富了衣食住行等生活内容；同时，在社会劳动的实践中，诞生了各种知识、经验。这些知识、经验进一步融入到制造工具、改造自然、探秘宇宙的实践中，进一步提升了制造的质量和水平。故而，从原始社会最基本的狩猎工具制造，到农耕时代农具、生产工具、生活用具的制造，到封建社会战争工具、城垣建造、冶炼器具等制造，再到现代社会的科技进步、科学探索催生的科学装置、工具装备的制造，制造始终是人类探索及改造自然、探秘宇宙的重要支撑！

伴随着全球先进制造业同步进展的，是制造强国新兴产业的不断更迭与装备工具制造的发展强大，不同历史时代总会诞生不同特色的大国重器。

第一次工业革命时期，英国的采煤、炼铁、纺织工业兴起，舰船制造、铁路运输、纺织机械树立了老牌工业制造强国的坚实根基，催生了其船坚炮利的殖民扩张；二战前后，德国制造达到了当时全球的巅峰水平，机械、电气、飞机、坦克、汽车等装备制造实力强大，机械化、摩托化装甲军事装备制造发达，工业制造的水平、质量跃居全球领先地位，而日本以飞机、航母、精工机械、机床、汽车、轻工业制造等为主，奠定了制造强国的基础；二战后，美国、苏联在冷战时期的军备竞争，掀起了核弹、航空、航天等重大装备制造的激烈竞争，最终美国强势胜出，核武器、导弹、航母、隐身战机等装备制造领先世界，计算机、微电子、GPS导航等信息技术引领了知识经济发展；至今，美国仍在航空航天、太空制造、智能制造、增材制造、工业互联网、人工智能等领域占据着全球制造的前沿地位。

高端装备制造是先进制造业发展的基石，重大装备则代表着一个国家雄厚的制造实力。拥有大国重器，不仅是强国之梦的开始，更是制造强国的必经之路！

（二）自主之路砥砺行

中国工业制造从建国初期一穷二白的薄弱底子开始，经过了艰难的发展，坚持走自力更生、自主发展的路子。从“一五”始，以优先发展重工业为主，机械、冶金、电力、煤炭、化学等多业并举，工业化的步伐逐渐加快，逐步构建起独立自主、适应国情、循序渐进、体系完整的工业体系。以“两弹一星”、三峡大坝等为代表的大国重器的自主制造，标志着新中国工业制造从一开始就依靠顽强不屈的精神，树立起独特的民族品格！

改革开放以来，我国工业制造以轻重工业相互协调、强化工业基础建设及资源调整为目标，进一步优化经济发展结构，积极推动了市场经济的快速发展，中国制造取得了前所未有的突飞猛进的进步。钢铁、轻纺、家电、交通、水利、冶金、化工、汽车等重工业、轻工业整体协调，电子信息产业、高端装备制造业、战略性新兴产业得到高度重视和重点发展，大国重器的制造能力大幅提升，中国制造正在开辟一个历史性的新时代！

图 18　正在崛起的中国制造

进入21世纪，全球工业制造业逐步呈现出数字化、网络化、智能化的发展趋势。随着新一轮科技与产业革命的到来，传统的制造正在向绿色、高效、节能、个性、定制、精益、扁平的方向发展。世界制造强国纷纷出台重大战略，以应对席卷全球的工业制造的激烈竞争。

例如，美国制定了重振制造业发展战略，出台《先进制造业美国领导力战略》（2018年），大力发展工业互联网，创建国家创新中心，提前布局未来制造，在新材料、智能制造、电子设计与制造、先进工业机器人、人工智能基础设施、网络安全等方面加大推进力度；德国推出工业4.0，出台了《国家工业战略2030》（2019年），以智能化提升制造竞争实力，推进数字化制造、智能化转型，将虚拟制造与生产制造紧密结合，建设智能工厂、智能车间等体系；日本加快推进“互联工业”发展，出台《日本制造业白皮书》（2018年），构筑超智能社会（Society 5.0），强调物—物、人—设备—系统、人—技术之间相互关联及经验和知识的传承等，发挥精密制造、机器人等优势，以新兴技术推动制造转型及社会变革；法国推出“工业新面貌”计划（2015 年），加速工业复兴；英国专注发展航天、制药等新兴制造产业等。

图 19　世界制造强国先进制造发展战略示意

综观全球制造业，呈现出回归工业制造本体、高端制造激烈竞争、智能趋势成为引领、未来发展颠覆传统的前沿态势，特别是以信息电子技术、网络技术、智能技术、人工智能技术为支撑的信息物理系统（CPS）的构建，以及虚拟制造、增材制造、智能制造、仿生制造、生物制造等颠覆传统的演进，将对制造业的未来产生深远影响！

应对这种严峻挑战和激烈竞争，中国制造与自主创造仍面临着巨大的压力，在夯实工业发展基础、提升制造整体水平、抢占未来前沿先机上还有很多差距与不足，制造强国之路还有很长的一段要走！

例如，在先进设计上，我国工业制造的复杂系统设计能力亟待提升，而目前高端设计工业软件工具均依赖进口，加强自主设计能力、提高先进设计水平是影响整个制造的前提，需要着力突破；芯片制造上，与国际一流水平相差了两三代，集成电路（IC）设计、高纯度硅、光刻机、光刻胶、离子注入机、涂胶显影机等原材料与制造装备严重对外依赖，制造工艺相对落后，亟待突破瓶颈；制造领域的关键基础件依赖进口，如高性能轴承、流体传动、高端液—气—密封件、复合材料构件、旋转关节等；在精密测试与控制上，高端仪器仪表、精密测试技术与发达国家相比差距不小；在高端装备制造上，常规制造、流程制造等方面与世界一流水平接近甚至已经超越，但在精密与超精密制造、离散制造、柔性制造、极端制造、复杂制造等方面仍存在不少短板和不足，需要着力补齐；在整个制造领域的信息化、数字化、网络化、智能化能力和水平上，仍需提高和完善。

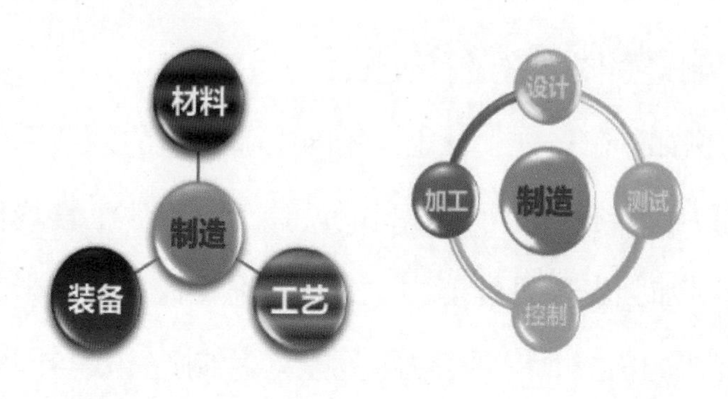

图20　制造的关键因素和主要环节

总体来看，我国应当努力增强工程科技的自主创新能力，突破重大原创性成果较少的瓶颈，加强基础研究，强化和改善基础材料、基础元器件、工艺与装备、关键核心技术、顶尖人才队伍、高技术工匠等薄弱环节，紧抓中国制造砥砺前行的战略重点，孕育设计大师、工程科学家，培养大国工匠、优秀制造人才，加强工业制造文化、现代工业精神等软实力建设，推进制造强国战略稳步前进！

（三）改变未来的制造

伟大的时代诞生伟大的制造，伟大的制造缔造创新的未来！

回顾人类社会发展的历史，制造改变了生产、生活，推动了文明的进步，对自然、宇宙、星空的探索，将是科学发现、技术发明永恒追寻的主题。

由于当前地球现有能源、环境、资源等日复一日不断耗费，陆地、海洋、空间等发展范围面临着诸多复杂危机问题，探索解决之道、探寻自然奥秘甚至寻找地外文明都成为人类迫切要处理的共同难题。通过先进工具、装备的创新制造，正如FAST一样，人类的科学探索、发现之旅将会取得更深、更远的大步跨越，使制造与探索发现一起，成为改变未来的重要推力。

制造从机械化、电子化、自动化走向智能化，客观物理世界、信息虚拟世界、人类创意世界的多元交融、渗透，带给先进制造无限的发展前景。信息技术、新材料技术、新能源、生物技术等相互支撑、综合集成，未来的制造将要担负起持续获取能源、改善现有环境、合理利用资源、保护自然生态的人类共同使命。

如今，复合材料、记忆金属、纳米材料、智能材料、生物材料等新型材料的不断发明、涌现，将为制造提供更为先进、自由的材料选择；物理信息系统（CPS）、物联网、云计算、人工智能，将为制造插上数字化、网络化、智能化发展的翅膀，虚拟仿真制造的空间与真实的物理空间并存，而虚拟现实（VR）和增强现实（AR）将带来更为真切的沉浸感、交互感，让制造清晰可见、可视、可感、可知；高级智能机器人、量子计算机、人类增强制造，将在人与机器交互、融合的基础上，让生产生活更为先进、便捷、安全、智能、灵动；太空制造、增材制造、生物制造，将把人类探索宇宙空间的能力进一步提升，为人类探索未知、发现宇宙创造出更为强大有力的工具与装备。引力波、黑洞、中子星、暗能量、暗物质……这些隐藏在宇宙中的未知之谜，随着人类制造巨手的探索触摸，其真正的奥秘将被慢慢地揭开。

路漫漫其修远兮，制造强国的梦想就在路上！

参考资料

[1] 温学诗，吴鑫基. 观天巨眼：天文望远镜的400年 [M]. 北京：商务印书馆，2008.

[2] 肖郎平. 人是要做一点事情的：追记“时代楷模”天文科学家南仁东 [N]. 贵州日报，2017-12-08 (01).

[3] 李开宇. 仰望星空　脚踏实地：追记“中国天眼”之父南仁东 [N]. 吉林日报，2018-05-23 (02).

[4] 詹媛. 人生为一大事来：记“中国天眼”之父南仁东 [N]. 光明日报，2017-09-28 (15).

[5] 詹媛. 毕生心血筑“天眼”：追记FAST首席科学家、总工程师南仁东 [J]. 人民周刊，2017 (23)：58-59.

[6] 中国信息与电子工程科技发展战略研究中心. 中国电子信息工程科技发展研究 [M]. 北京：科学出版社，2017.

致　谢

本书在撰写过程中,得到了西安电子科技大学机电工程学院机电科技研究所黄进、刁玖胜等老师的支持和帮助，提供了与FAST相关的研究资料，给予了相关技术研制突破、项目整体创新与发展的阐释和说明。同时,也得到了工信部科技委赵锦茹老师的指导,赵老师在电子装备制造及国家大工程规划、设计、制造的宏观战略层面对本书提出了富有见地的思考意见。在此一并致以衷心感谢!

作者

2020年2月